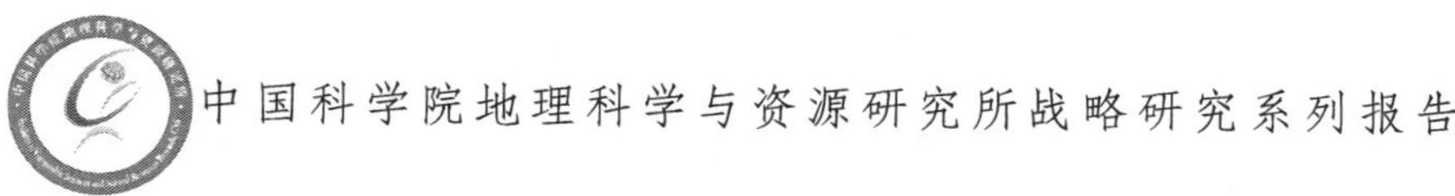

中国科学院地理科学与资源研究所战略研究系列报告

中国水资源安全报告

贾绍凤　吕爱锋　韩　雁
龙秋波　朱文彬　燕华云　著

科学出版社
北　京

内 容 简 介

本书从国家安全的战略高度，透过复杂的表象分析中国水资源安全的真实状况，对中国水资源安全进行了系统诊断和评价，回答了国内外众说纷纭的中国水资源是否安全、中国水量是否足够、中国水质是否符合要求等热点问题，明确给出了中国能够提供维护我国粮食安全所需的灌溉用水、中国能够保障快速城市化的城市用水、中国能够提供我国能源基地建设的水资源保障的评价结论，并提出了中国水资源安全的系统对策。

本书可供中国水资源安全的研究者、管理者参考，可供关心中国水资源安全的热心人士参阅，也可作为自然资源管理、水资源管理、国土规划、非传统国家安全等专业方向的研究生的参考书。

图书在版编目(CIP)数据

中国水资源安全报告/贾绍凤等著．—北京：科学出版社，2014.10
（中国科学院地理科学与资源研究所战略研究系列报告）
ISBN 978-7-03-042164-7

Ⅰ.①中… Ⅱ.①贾… Ⅲ.①水资源管理-研究报告-中国 Ⅳ.①TV213.4

中国版本图书馆 CIP 数据核字（2014）第 238881 号

责任编辑：朱海燕　李秋艳/责任校对：彭　涛
责任印制：肖　兴/封面设计：陈　敬

科学出版社 出版
北京东黄城根北街 16 号
邮政编码：100717
http://www.sciencep.com

北京凌奇印刷有限责任公司 印刷
科学出版社发行　各地新华书店经销

*

2014 年 10 月第　一　版　开本：787×1092　1/16
2014 年 10 月第一次印刷　印张：10 1/4　插页：2
字数：250 000

POD定价：　139.00元

序

中国科学院地理科学与资源研究所（简称“地理资源所”）是研究陆地表层资源环境与区域可持续发展的公益性研究所，是我国陆地表层过程与生态系统、区域可持续发展、资源环境安全及地理信息系统核心科学与技术研究的综合研究机构和资源环境科学数据中心，是国家区域发展、资源利用和生态建设研究领域重要的思想库和人才库，在我国地理科学、资源科学以及生态环境和区域可持续发展研究等方面发挥了科技国家队的示范引领作用。

为国家实现可持续发展提供决策支持，是地理资源所作为国立研究所和科学思想库所必须承担的责任和使命，也是我国地理与资源科学的优良传统和核心价值。中国科学院知识创新工程实施以来，地理资源所主持完成了全国主体功能区划、中国人口发展功能分区、京津冀都市圈区域规划、东北振兴规划，以及汶川、玉树和芦山地震灾后重建规划资源环境承载力评价等数十项国家级规划；有关专家曾两次在中共中央政治局集体学习会上，分别就我国科技发展战略问题和区域协调发展问题进行讲解，还曾受特邀向国务院总理汇报城镇化研究成果；2009～2013 年上报的咨询报告与建议中，有 145 份被中共中央办公厅、国务院办公厅采纳，其中 77 份得到党和国家领导人的批示，服务国家宏观决策的成效较为显著。

为贯彻落实习近平总书记对中国科学院提出的“四个率先”要求，推进落实中国科学院“率先行动”计划，促进实施“创新 2020”和“一三五”规划，进一步强化科学思想库的功能，率先建成国家高水平科技智库，以扎实有效的工作助力我院实现“四个率先”目标，我所决定瞄准国家（区域）发展重大战略需求，集成各研究领域的成果，不定期出版战略研究报告。此次出版的系列报告，正是这一举措出台后的第二批成果。本系列研究报告从中国区域发展、城市发展、乡村发展、资源发展、生态系统状况和自然灾害风险等多角度，分析了我国经济社会可持续发展面临的机遇和挑战，提出了相应的政策建议。

此次系列报告的出版，为我们展示服务国家决策的成果提供了窗口，也为交流学术思想提供了机会，希望有关政府部门、领导及学术界同行不吝批评指正。

葛全胜

2014 年 5 月

前　言

世界人口在膨胀，经济在翻番，但地球上的水资源有限，甚至有些地区因为气候变干、人类干扰还会减少，总体来讲，水资源供求矛盾越来越突出。联合国曾推论水将会成为石油之后的另一个引发国际冲突的根源。水资源安全已经成为国家安全的重要组成部分。

中国人均水资源量只有世界平均水平的1/4，而且时空分布不均，淮河流域、黄河流域、海河流域及辽河流域人均水资源量不到全国平均水平的一半，人均水资源量最少的海河流域只有300m^3/人，只有全国平均水平的1/7,中国北方大部分地区水资源已经开发过度，水污染在全国城乡蔓延，水资源安全堪忧。

很多人担心中国的水不够用，担心中国的水质不安全，担心中国的水资源可能会因气候变化而减少，甚至有人认为中国缺水会影响粮食生产、进而危及世界粮食安全，认为中国黄河中上游地区的能源基地建设会“喝干”黄河的水而对农业、生态造成不可承受的伤害。

而中国人口还在增长，经济还要继续发展，城市化程度不断提高。中国未来会有足够的水用来生产所需的粮食吗？中国的水能够长期支撑中国经济的快速发展吗？中国能够为不断增多的超大型城市提供水资源保障吗？

中国现在的水资源安全状况究竟如何？未来在2030年左右中国人口达到高峰时是否有足够的水资源？

本书的目的是希望避免各种不切实际的说法干扰，透过事物的表面看透事物的本质，更客观、科学地认识我国的水资源安全状况，更准确地把握我国未来的水资源安全变化趋势，更有针对性地提出水资源安全对策，从而为我国的水资源安全决策提供参考依据。

本书以科学发展观为指导，从国家安全的战略高度，论述国内外水资源安全问题的背景，阐述水资源安全概念，提出水资源安全评价指标体系，从水资源安全的数量充足性、质量符合性、可持续性、成本可承受性等多个方面，在全国、大流域和水资源二级分区的不同空间尺度上，对中国现状(2010～2012年)和未来2030年的水资源安全状况进行了系统诊断、预估和评价，回答了国内外众说纷纭的中国水资源是否安全、中国水量是否足够、中国水质是否符合要求、中国能否提供还将继续增加的粮食需求所需的灌溉用水、中国能否保障快速城市化的城市供水等热点问题，并提出了中国水资源安全的系统对策。

本书参加编写的人员及分工如下：前言、第一章、第二章由贾绍凤撰写；第三章由龙秋波、贾绍凤撰写；第四章由朱文彬撰写；第五章由贾绍凤撰写；第六章由韩雁、朱文彬、贾绍凤撰写；第七章由吕爱锋、贾绍凤、燕华云撰写；第八章由贾绍凤撰写。本书由贾绍凤负责大纲的制定和统稿。

感谢各位撰稿人的积极配合和辛勤劳动。感谢助手冯丽美女士在资料整理、文本审读等方面的帮助。感谢中国科学院地理科学与资源研究所在科研管理、经费资助等多方面的支持。感谢中国科学院地理科学与资源研究所资源地理与水土资源研究室各位同仁的支持。

作　者

2014 年 6 月

目　　录

第一章　水资源关乎国家安全

一、自古水关乎兴亡

战国末年，秦国势力不断强盛。邻国韩国弱小，害怕被兼并。韩王命令名叫郑国的水工（相当于现在的水利工程师）向秦王献计修渠而消耗其国力，希望“疲秦”以自保。殊不知秦国早有兴修水利的计划，秦王嬴政考虑到当时秦国的水利技术不如韩国先进，正好命令郑国主持修建从泾河至北洛河的渠道，灌溉关中平原北部的大片土地。在工程修建过程中，韩国“疲秦”的阴谋败露，秦王大怒，要杀郑国。郑国说：“始臣为间，然渠成亦秦之利也。臣为韩延数岁之命，而为秦建万世之功。”雄才大略的秦始皇欣然同意郑国的意见，仍一如既往加以重用。经过十多年的努力，全渠完工。《史记》记载：“渠就，用注填阏之水，溉舄卤之地四万余顷……于是关中为沃野，无凶年，秦以富强，卒并诸侯，因名曰郑国渠。”① 本欲害秦的郑国渠却成就了秦始皇一统江山的伟业。

秦朝李冰父子修建都江堰，使成都平原从水旱连年的蛮荒之地变成了水旱从人的富庶之地，四川盆地也由实力弱小的偏远之域变成了足可与中原、江南三足鼎立的天府之国。至今虽然2200多年过去了，都江堰一直未曾间断地发挥作用，名副其实的“利在当代，功在千秋”。

而在另一端西域古丝绸之路，因为气候转干或河流改道，来水减少，楼兰、尼雅等繁荣一时的古城如今都已淹没在漫漫黄沙之中（王炳华，2002）。

举世闻名的柬埔寨吴哥文明，之所以最终抗不住泰王朝的入侵而废弃，也是因为供水系统的衰退而日趋衰落。柬埔寨属于典型的热带季风气候，夏秋雨季多洪水，冬春旱季常缺水。吴哥王朝强盛时统治范围除了现在的柬埔寨，还包括泰国、越南、老挝的大片土地，是中南半岛最强盛的国家。其强盛得益于其所修建的庞大的蓄水、供水系统，有效满足了缺水旱季的生活和农业用水。但在王朝管理不善时，供水系统废弛，使国力受到削弱，终至抗不过泰王朝的入侵，导致吴哥窟荒废、隐没于森林500年无人知的命运（Roland et al.，2008）。

二、世界关注的热点

水资源问题从来没有像今天这样关乎国家安全。

随着人口增长、经济规模扩大，世界的用水量也在快速增长。据联合国教科文组织《世界水资源发展报告》显示：全球用水量在20世纪增加了6倍，其增长速度是人口增速的两倍，地下水用水量增加了5倍。在很多水资源缺乏的地区，水资源开发利用规模已经超过了水资源的承载能力。约占世界人口总数40%的40个国家和地区严重缺水。

① 司马迁，《史记·河渠书》.

在未来，由于世界人口还在继续增长，还将有更多的人面临缺水困境。水资源缺乏和水污染，不仅会严重阻碍很多发展中国家脱贫致富的步伐，影响联合国扶贫千年目标的实现，还可能成为继石油之后国内国际冲突的根源（UNESCO，2003）。

1993 年 1 月 18 日，第 47 届联合国大会通过决议，确定自 1993 年起，将每年的 3 月 22 日定为“世界水日”，以推动对水资源进行综合性统筹规划和管理，加强水资源保护，解决日益严峻的缺水问题。“世界水日”的设立，表明水问题已成为国际社会最重要的议题之一。

1996 年，世界水理事会（World Water Council，WWC）成立，同时决定每三年举办一次有关水资源问题的大型国际活动，这就是世界水资源论坛。世界水理事会是由知名的世界水资源专家和国际组织针对全球日益关注的世界水资源问题而发起的，主要目标是在环境可持续发展的基础上，通过提高政治家及各层级决策人员对关键水问题的关注及承诺，从各个方面促进有效节约、保护、开发、管理和使用水资源①。

世界水资源论坛已先后在摩洛哥、荷兰、日本、墨西哥、土耳其、法国举行了 7 次会议。最近一次在法国马赛举行的第七届世界水资源论坛，参会人数达到 2.5 万人，有 140 余个部长级代表团与会②。这充分说明国际社会对水问题的高度重视。

联合国教科文组织的世界水资源评估项目，组织联合国系统的多个机构，从 2003 年起，每 3 年发布一本《世界水资源发展报告》，每期围绕一个战略性的水问题，对全球水资源状况进行评估③。

亚洲开发银行也从 2012 年开始每年发布《亚洲水资源发展展望》，对亚洲及太平洋地区水安全状况进行评估④。

值得注意的是美国对全球水资源安全的关注。美国前任国务卿希拉里在 2011 年、2012 年连续两年的世界水日出席了与水资源安全相关的活动。

在 2011 年的世界水日，美国和世界银行签署《促进水安全谅解备忘录》，希拉里出席仪式并讲话。希拉里认为，到 2025 年，全球三分之二的人口，包括发达国家的一些地区，将面临水资源短缺的巨大压力。更有研究预计，到 2030 年，可利用水资源只够满足全球 60%人口的需求。希拉里表示，“水资源缺乏不仅会演变为健康危机、农业危机、经济危机、气候危机，而且其造成政治危机的风险也在增加。水安全对我们而言涉及经济安全、人口安全和国家安全，因为我们看到了因水资源缺乏造成骚乱、冲突和动荡的可能性。因此，我要求国家情报委员会就水安全问题至 2040 年对美国国家安全的影响做出预测报告。”⑤

2012 年世界水日，由美国情报委员会牵头、组织并由美国国务院、中央情报局、联邦调查局、美国国防部、国家安全局、国土安全部和能源部等部门及众多专家参与完

---

① http://en.wikipedia.org/wiki/World_Water_Council.

② http://en.wikipedia.org/wiki/World_Water_Forum.

③ http://www.unesco.org/new/en/natural-sciences/environment/water/wwap/wwdr/.

④ http://www.adb.org/publications/asian-water-development-outlook-2013.

⑤ Hillary Rodham Clinton，2011. Secretary Clinton's Remarks on World Water Day. http://www.state.gov/secretary/rm/2011/03/158833.htm.

成的《世界水安全——情报系统评估》(*Global Water Security: Intelligence Community Assessment*)[①]公开版发布，希拉里出席仪式并讲话[②]。该报告认为如果不采取有效应对措施，世界范围的水危机会威胁美国的国家安全利益。希拉里强调美国应利用外交、财经、科技等多种资源来应对世界水危机及其对美国的影响[③]。

三、众说纷纭中国水资源安全

中国虽然水资源总量居世界第六位，但人均水资源量只有世界平均水平的1/4。而且水资源的地区分布严重不均，北方淮河流域、黄河流域、海河流域、松辽流域的人均水资源量更低，海河流域只有300m^3/人，仅为全国平均水平的1/7。中国北方普遍面临资源性缺水问题。而各地普遍的水污染，使本来紧张的水资源供需矛盾雪上加霜。即使在南方丰水地区，因为水质严重污染，很多城市也遇到了供水危机。鉴于此，国内外担忧中国水资源不安全的声音很多。

很多杰出人士担忧中国水资源安全。

最早、最有名的中国水危机论者，当属李斯特·布朗。美国著名环境学者、美国世界观察研究所创立者、地球政策研究所所长李斯特·布朗1995年发表的《谁来养活中国》(*Who Will Feed China*)一书中，提出中国的粮食将供不应求、进口粮食将危及世界粮食安全的时候，很多人把他归为中国威胁论者的一员(Brown，1995)。1998年他提出了中国缺水会危及世界粮食安全的观点(Brown，1998)。2004年他又写了另一本书《超过地球：在下降的地下水位和升高的温度的时代的粮食安全挑战》(*Outgrowing the Earth: The Food Security Challenge in an Age of Falling Water Tables and Rising Temperatures*)，进一步提出中国会因农业用水被工业和城市挤占，预测中国总需水量将达到10680亿m^3，其中农业需水量6650亿m^3，而中国绝对不可能提供这么多水，进一步阐述了中国的缺水问题会危及中国乃至世界粮食安全的观点(Brown，2004)。

曾获得国际水资源协会水晶奖的著名水资源学者、美国太平洋研究所创建者和所长Peter Gleick(2011)认为中国的水资源短缺和水污染是这个星球上最严重的。

国际投资大师吉姆·罗杰斯，曾和索罗斯共同成立量子基金，将全球金融市场搅得天翻地覆。他1984年曾到访中国，并长期持有中国公司股票，经常来中国演讲。在接受BBC(英国广播公司)Hardtalk栏目、凤凰财经《总裁在线》栏目专访时，这位“中国乐观派”被问到，中国经济最大的危机是什么？答案出乎意料：缺水[④]。

几乎所有重要的与水相关的国际机构都认为中国有严重的水问题。

2009年3月22日是第十七个世界水日，由联合国24家机构编写的《世界水资源发展报告：变化世界中的水》发布。在分析了20多个国家的水资源形势后，该报告对

---

① http://www.dni.gov/files/documents/Special%20Report_ICA%20Global%20Water%20Security.pdf.

② Hillary Rodham Clinton. 2012. Remarks in Honor of World Water Day. http://www.state.gov/secretary/rm/2012/03/186640.htm.

③ Maria Otero. Remarks on Global Water Security: The Intelligence Community Assessment. http://www.state.gov/j/189598.htm.

④ http://v.ifeng.com/news/world/201306/339bf89f-42d8-4675-9e05-78d7372c4e01.shtml.

世界淡水供应前景表示悲观，警示水资源危机正进一步蔓延。其中，中国也被列为缺水严重的国家。

以讨论世界经济问题为宗旨的世界经济论坛，2009 年的年度报告以水资源问题为主题，并宣称包括中国在内的缺水问题会威胁世界粮食安全（World Economic Forum，2009）。

在亚洲开发银行发布的《亚洲水资源发展展望 2013》所拟定的 5 等水安全评价等级中，把中国与土库曼斯坦、乌兹别克斯坦一起评为 2 级，比位于干旱区的哈萨克斯坦级别还低（Asia Development Bank，2013）。

在国际科学界影响巨大的美国《科学》、英国《自然》杂志均发表了多篇关于中国水问题的文章（Liu and Wu，2012）。有分析者认为中国新领导人的经济学和社会科学教育背景和法律工作背景，将有利于中国的水问题解决办法从“硬”向“软”转变（Yang et al.，2013）。

BBC（英国广播公司）、《纽约时报》、《经济学家》等国际媒体也经常报道有关中国所面临的水危机问题[①②]。

2013 年 7 月，美国参议院就中国的水安全举行了专门的听证会。美国对外关系委员会亚洲主任 Elizabeth Economy 在证词中说：“中国有比制造业增长速度减缓或房价泡沫更严重的危机，那就是水资源危机。那是一场将影响亚洲其余地区和更广泛的世界的一场灾难。”并表示中国政府公布的数据显示中国有 400 座城市缺水、110 座城市严重缺水[③]。

中国的水资源安全真的是如此不堪吗？中国的水资源安全问题真的会给亚洲乃至世界带来巨大的负面影响而值得别国担忧吗？

中国的水资源安全现已得到国家决策层的高度重视。2011 年中央 1 号文件《中共中央国务院关于加快水利改革发展的决定》开篇就说：“水是生命之源、生产之要、生态之基。兴水利、除水害，事关人类生存、经济发展、社会进步，历来是治国安邦的大事。”足以证明中国最高领导层对水问题的定位之高。

如果没有安全的供水，不仅中国的小康计划、复兴大计难以实现，就连人民的基本生计也将难以为继，国家的稳定和发展都将受到严重威胁。如今中国仍处于经济快速发展的过程中，人口还在增长，城市化水平也将继续迅速提高。这无疑将给中国未来的水资源安全带来更大的压力。

中国的水资源能否满足经济发展的需要？能否满足城市化水平大幅度提高的需要？能否为必不可少的粮食增产提供水资源保障？怎样做才能确保中国的水资源安全，从而保障中国自身的社会经济的可持续发展，同时对世界的水资源安全和可持续发展作出贡

---

① “Rivers are disappearing in China. Building canals is not the solution（中国的河流在消失，修建渠道不是办法）”. http://www.economist.com/news/leaders/21587789-desperate-measures/print.

② “Northern China is running out of water，but the government's remedies are potentially disastrous”. http://www.economist.com/news/china/21587813-northern-china-running-out-water-governments-remedies-are-potentially-disastrous-all.

③ “China faces its worst economic crisis：water（中国面临最坏的经济危机：水）”. http://blogs.marketwatch.com/thetell/2013/07/31/china-faces-its-worst-economic-crisis-water/.

献？只有对中国水资源安全趋势有正确的判断，才能采取有针对性的应对措施。

本书尝试对中国水资源安全进行一个整体的、系统的评价，为关心中国水资源的相关人士提供客观、准确的信息，并为相关部门决策提供参考。

参考文献

王炳华. 2002. 沧桑楼兰：楼兰和尼雅古国考古. 杭州：浙江文艺出版社.

Asia Development Bank. 2013. Asian Water Development Outlook 2013: Measuring Water Security in Asia and the Pacific.

Brown L R. 2004. Outgrowing the Earth: The Food Security Challenge in an Age of Falling Water Tables and Rising Temperatures. W W Norton & Company Incorporated: 239.

Brown L R. 1995. Who Will Feed China? W. W. Norton & Company: 163.

Brown L R, Hilweil B. 1998. China's Water Shortage Could Shake World Food Security. World Watch 1998, (7-8): 10-18.

Liu J G, Wu Y. 2012. Water Sustainability for China and Beyond. Science 10 August: Vol. 337 no. 6095 pp. 649-650.

Gleick P H. 2011. China and Water. In: Gleick P H. The World's water. Vol. 7. Washington D C: Irland Press.

Roland F, Christophe P, Damian E, Matti K. 2008. The development of the water management system of Angkor: a provisional model. PPA Bulletin, 28: 57-66.

UNESCO. 2003. The 1st edition of the UN World Water Development Report (WWDR1).

World Economic Forum. 2009. World Economic Forum Water Initiative. http://www. weforum. org/documents/gov/gov09/ envir/Water _ Initiative _ Future _ Water _ Needs. pdf.

Yang H, Flower Roger J, Thompson, Julian R. 2013. China's new leaders offer great hope. Nature, 493, 163-163. (doi: 10. 1038/493163d).

第二章　水资源安全评价指标体系

一、水资源安全问题背景

广义的水安全包括水资源安全及防洪安全。自从人类出现在地球上，就出现了水安全问题，并一直跟洪水作斗争。

狭义的水安全指水资源安全。例如，维基百科就引用联合国水资源评估项目对水安全（water security）的定义，即对于健康、生计和生产可以接受的数量、质量的水的可靠获取，且与水相关的风险可以接受①。

虽然作为学术研究的对象，水资源安全术语的提出是相对较近的事情，但水资源安全问题由来已久。在我国水资源不丰富而人口稠密的汾河平原、河西走廊，历史上就经常发生争水冲突，需要朝廷制定严格的分水方案来处理矛盾。例如，陕甘总督年羹尧在张掖黑河实行了按时间轮流灌水的“均水制”。“均水制”规定：每年芒种前十日寅时起，至芒种之日卯时止，十天内高台上游镇江渠以上十八渠一律封闭，所均之水前七天浇镇夷五堡地亩，后三天浇毛（目）、双（丰）二屯堡地亩。均水期间，由鼎新（今金塔县）知事兼巡河道，严格执行，并授权下游县官到上游督察，派出由下游各县组成的水使181名，坐守各渠口。“均水制”实施200多年来，在当地形成了“水规大似军规”的铁律（连振祥，2011）。

水资源安全近年来才成为学术研究的对象和政府关注的议题，有其客观的背景。20世纪不仅是人口大爆炸的时代（图2.1），更是用水大爆炸的时代（图2.2，Shiklomanov，1999）。从1950年到1995年，世界人口年均增长1.82%，世界用水量年均增长2.27%，用水增长率是人口增长率的1.24倍。正是由于20世纪人口规模和用水量的快速增长，才引发了越来越突出的用水问题（Malin Falkenmark，1992）。地球上的水资源量是有限的，用得越多，开发新水源的困难就越大，人类用水与生态用水的矛盾就越突出。而且用水越多，排放的污水也越多，水环境受到干扰和污染的程度就越大。在20世纪五六十年代水污染问题在发达国家普遍爆发，到70年代水量不足的问题也在发展中国家开始普遍出现。

水安全的反面是水危机或水风险。水安全与水危机或水风险是一个问题的两面。因此关于水危机或水风险的研究可以认为就是关于水安全的研究。而且水危机或水风险在有关文献中出现的时间比水安全要早很多。从20世纪70年代后半期，尤其是在1977年阿根廷马德普拉塔联合国第一次水会议上，世界领袖们就意识到获取足够数量、质量的水的问题的广度②。联合国在该次会议上发出了水危机的警告：水，不久将成为一项严重的社会危机，石油危机之后的下一个危机便是水（姜文来，2001）。

在互联网上所查到的最早包含水安全（water security）术语的英文文献，是斯坦

---

① http://en.wikipedia.org/wiki/Water_security.

② The water crisis. http://www.hic-net.org/articles.php?pid=1634.

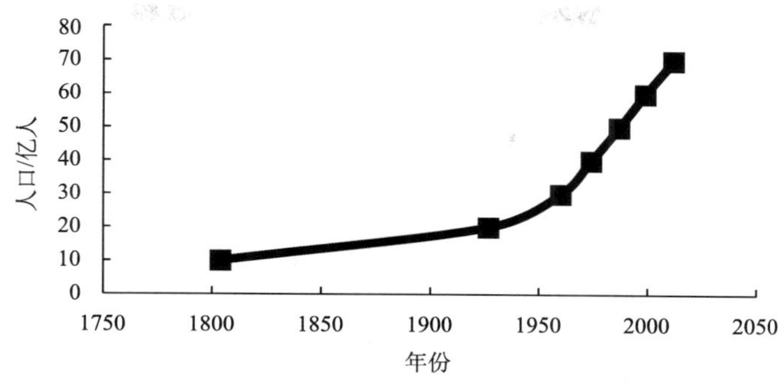

图 2.1　过去 200 年世界人口增长趋势

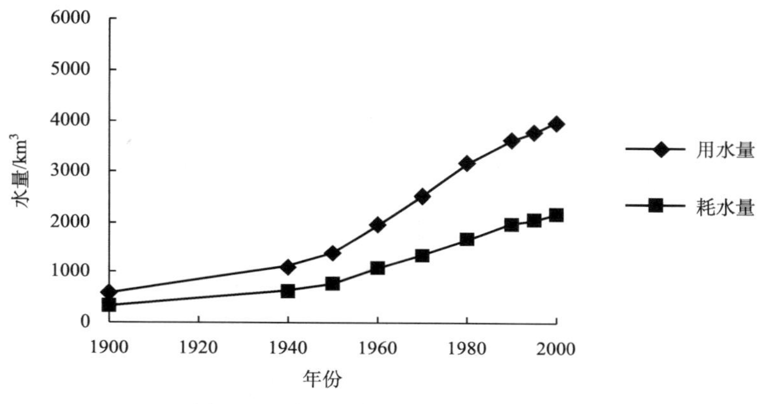

图 2.2　世界用水量及耗水量的变化

福大学粮食研究所在美国国际开发署资助下研究西非塞内加尔水稻生产的报告，其中多次提到水稻种植的水安全（Kathryn Craven and Hasan Tuluy，1979）。塞内加尔原来出口花生进口大米，1960 年独立后人口以年均 2.5%的速度快速增长，稻米需求量大幅度上升。但 20 世纪 70 年代非洲连续干旱，国际粮价大涨。于是塞内加尔政府出台鼓励国内稻米生产的政策，扩大稻田面积，但该国除了南部降水量达到 1800mm 外，大部分地区降水不丰富而且变动大，因此而引出水稻生产的水安全问题。

较早关注水冲突的研究有，Micklin（1997）关于中亚国家水问题的研究；John Waterbury 等（1997）对中东水问题的研究；Martin Sherman（1999）关于中东水政治学的研究。

国际上关于水资源安全评价方法与指标的代表性研究有，瑞典水文学家 Malin Falkenmark 和 Carl Widstrand（1992）提出的人均水资源量水资源安全标准：安全阈值为 1700m^3/人；联合国可持续发展委员会（Robert Engelman and Pamela LeRoy，1993）等国际机构提出的水资源开发利用程度水资源安全标准：安全阈值为 40%；Sulliven 等（2003）提出了水贫困指数。

世界水资源安全的代表性成果包括，俄罗斯国立水文研究所的 Shiklomanov 所著的《世界水资源和用水的研究》（*World Water Resources and Water Use*）（1999）；世界水理事会（World Water Council）发布的《世界水展望》（*World Water Vision*）（Cosgrove et al.，2000）；联合国教科文组织“世界水资源评价项目（World Water Assessment Program）”从2003年开始发布的《世界水资源发展报告》（*World Water Resources Development Report*）系列报告[①]，至今已发布了4版，2003、2006、2009、2012年报告的主题分别是“人民的生命之水”、“水，共享的责任”、“变化世界中的水”和“在不确定和风险下管理水资源”；2014年世界水日发布的第五版的主题是“水与能源”；国际粮食政策研究所对2025年世界水与粮食安全进行了评估（Rosegrant et al.，2002）；Elena Rastello（2007）从社会公平角度研究了世界水危机；美国和平研究所（Pacific Institute）发布的世界水（The World's Water）系列报告，对世界水资源问题进行动态评估。

国内关于水资源安全的研究始于20世纪90年代末。洪阳和栾胜基（1998）、洪阳（1999）、熊正为（2000）、姜文来（2001）、方子云（2001）、王小民（2001）、闵庆文和成升魁（2002）、贾绍凤等（2004）对中国的水资源安全问题与对策进行了宏观的探讨。

在水资源安全评价理论与方法方面，贾绍凤等（2002，2003）建立了水资源安全评价指标体系，并对海河流域进行了具体评价；夏军和朱一中（2002）提出了根据水资源承载力来度量水资源安全的思路；张翔等（2005）建立了干旱期基于干旱风险的水安全评价方法；畅明琦和黄强（2006）发表了专著《水资源安全理论与方法》。

关于中国水资源安全状况与对策的比较系统而深入的研究，一是钱正英主持的开始于1999年、结束于2000年的“中国可持续发展水资源战略研究”（钱正英和张光斗，2001；刘昌明和陈志凯，2001），以及后续的中国工程院的“西北水资源咨询项目”、“东北水资源咨询项目”和“新疆水资源咨询项目”；二是水利部于2001～2009年开展的水资源综合规划项目，不仅对中国的水资源采用更长的系列数据进行了重新评价，而且对中国2020年、2030年各流域、各省的水资源配置进行了规划[②]；目前即将结束的水中长期供求规划，是在水资源综合规划基础上，对水资源供求的更细致的安排，将对中国2020年、2030年的水资源保障，尤其是粮食生产、能源基地、城市发展和生态的用水保障、地下水超采的控制，进行系统的规划[③]。

二、水资源安全定义

水资源安全是资源安全的一部分，其意义可以与粮食安全类比。粮食安全指的是“以可承受的价格供给人们生活必需的食物”。2000年3月17日～3月22日，在荷兰海牙召开的部长级“第二届世界水资源论坛”，把水资源安全理解为“以可承受的价格获取足够安全的水”。在这次会议上，21世纪世界水资源委员会主席伊斯梅尔·塞拉杰丁称，“找到一种方式，以合理的价格给每个人提供安全的饮用、清洁、食品以及能量各方面所需的用水是我们的主要目标”。各国水利官员在大会宣言中一致同意每一个人都应该拥有“以可承受的价格获取足够安全的水”的权利（贾绍凤等，2002）。

---

① http://www.unesco.org/new/en/natural-sciences/environment/water/wwap/.

② 有各省、各大流域和全国《水资源及其开发利用评价》、《水资源综合规划》成果.

③ 各省、各大流域和全国都编制《水中长期供求规划》.

严格地讲，上述的“水价”约束应该是成本约束。因为在有补贴的情况下，水价可以很低，但供水成本还是要由社会来承担，如果成本太高，社会也会难以承受而影响整个社会的可持续发展。

因此，水资源安全可以定义为：能可持续地以可承受的成本供给数量足够、水质达标的水。

水资源安全包含以下几个需要满足的条件：水量足以满足合理需求量、水质符合用水要求、供水及水生态系统可以长期持续、供水的成本可以承受。

从期望实现的目标而言，水资源安全实际上涉及水资源的社会安全、经济安全和生态安全等几个方面的目标。水资源社会安全强调生活用水是一种基本的人权，必须保证人人都有获得安全饮用水的权利。水资源经济安全强调水资源能够支持经济的发展，这有两个方面的含义：一是可以提供水量和水质保障；二是供水价格要适中，不能因为水价过高而使当地的优势行业丧失市场竞争力。水资源生态安全指生态系统的最低需水应该得到保证，人类不能挤占过多生态用水而使生态系统崩溃。

水资源安全的实质是水资源供给能否满足合理的水资源需求。而水资源安全评价的不只是现状，还包括未来。水资源安全评价的核心问题是一个国家或地区（流域）的水资源能否满足社会长远发展、可持续发展的要求。因此，对未来水资源供给和需求及其平衡状况的长远趋势的预测是水资源安全评价的基本内容之一。如果一个区域的水资源供给能够满足其社会经济长远发展的合理要求，那么这个区域的水资源就是安全的，否则就是不安全的。这其中有两点值得注意：一是强调应该满足的是社会对水资源的“合理的需求”，既不能用水效率太低而浪费，也不能高消费而用水标准太高；二是强调应该满足社会发展对水资源的“长远要求”，既不能因为目前经济发展水平还很低、用水不多而盲目认为水资源供给充足，而必须考虑经济发展水平提高、用水增多以后的水资源供需平衡状况，也不能因为挤占生态用水、破坏生态环境而影响社会经济的长远可持续发展。

三、水资源安全的单一评价指标

一个地区的水资源是否安全？是否缺水？应该用什么指标来评价？这些是比较复杂和值得探讨的问题。反映人类对水资源压力大小的指标，或者衡量一个国家或地区水资源稀缺程度的指标，可以较粗略地反映一个国家或地区的水资源安全程度。

（一）人均水资源量

1992 年 Falkenmark 和 Widstrand 定义人均水资源量为水资源压力指数，以度量区域水资源稀缺程度。他们根据干旱区中等发达国家的人均需水量确定了水资源压力的临界值：当人均水资源量低于 1700m^3/人时，出现水资源压力；当人均水资源量低于 1000m^3/人时，出现慢性水资源短缺；人均水资源量在 500m^3/人以下为严重缺水。

这一指标简明易用，只要是进行过水资源评价和有人口统计资料的地区，都可以获得人均水资源量数据。而且按用水主体——人口来平均水资源，符合公平合理的原则。

但应用这一指标时应当注意一些限制条件，否则容易产生歧义。例如，新疆尤其是南疆是水资源很紧张的地区，但一些人却根据该地区人均水资源量超过 2000m^3/人而得出新疆不缺水的结论（赵明，2000）。

人均水资源量作为衡量水资源稀缺程度的指标，还有以下几个不足：第一，没有考虑生态用水的差异。在可持续发展的原则下，尤其要强调，在人均可更新淡水资源中，还包括一部分为维持生态平衡所需要的生态用水，这部分水量人类不能耗用。由于不同的地区生态用水占水资源总量的比例不同，人均水资源量并不能反映人均实际可用的水资源量。对于干旱内陆区，人类生活和生产用水必然挤占原来的湖泊、湿地等生态用水，应该受到严格控制，即在总水资源量中，必须保留相当一部分作为天然生态用水，否则就会出现河湖干涸、植被衰退、沙漠扩张等恶果。因此，为了使指标更合理，人均水资源量的计算应该扣除生态用水，而只计算人类生活、生产可耗用的那部分水资源量。第二，只考虑水资源的供给方面，而没有考虑水资源的需求方面。实际上，水资源的稀缺程度必须从供给和需求两个方面综合来考虑，具体来说应考虑产业结构对需水的影响。如果经济结构以灌溉农业为主，则人均所需的水资源量必然较大；如果以耗水少的服务业为主，则人均所需的水资源量较少。由于产业结构的差异，人均水资源量供给相同的地区，可能缺水程度不相同。第三，只考虑水资源数量而没有考虑水资源的质量。人均水资源量较高的地区也可能因为水质问题而缺水，例如，前几年安徽省蚌埠市水厂因为水源——淮河被污染而停产，全城失去供水来源。第四，只考虑数量的多少而没有考虑水资源开发利用的难易程度。实际上一些人均水资源量很高但开发很难的地区也存在缺水现象，如我国西南的高山地区和喀斯特地区。第五，只考虑总量而没有考虑水资源的时空分布。多年平均人均水资源量很高但年内、年际分配不均的地区，在枯水季节、枯水年份也存在缺水现象。水资源的空间分配也是一个问题。如果以中国为评价单元，则按人均水资源量指标来评价，则中国是不缺水的（中国人均水资源量 2200m^3，大于缺水临界值 1700m^3/ capita/annum)，但如果以中国北方地区或华北为评价单元(华北海河流域人均水资源量低于 300m^3)，则中国是缺水的。评价区域的大小对评价结果有很大影响。因此，最好是按水资源可以调配的流域作为空间单元来评价。

（二）社会水稀缺指数

Ohlsson 与 Applegren 和 Klohn（Ohlsson et al.，1998；Applegren and Klohn，1999；Ohlsson，2000）提出了考虑社会适应能力的水稀缺指数，称为社会水稀缺指数(social water scarcity index，SWSI)，计算公式为

$$SWSI = HWSI/HDI$$

式中，HWSI 为水文水压力指标（hydrological water stress indicator)，是人均水资源量的相对值，等于所评价单元的人均水资源量除以全部评价单元的平均人均水资源量；HDI 是联合国开发计划署从 1990 年开始每年发布的人文发展指数（human development index)，是根据人均 GDP、人均寿命和人均教育水平来反映的社会综合发展指标。

社会水稀缺指数除了反映人均水资源的资源禀赋之外，还包含了社会发展水平所代表的人类适应能力对水资源压力的影响，因而比水文水资源压力指标更为全面。构造该指标的作者，也是希望政府、赞助者对水资源问题的关注，不应该只看到人均水资源量多少的资源背景，更应看到社会适应能力对实际水资源压力的巨大影响，因而应该把更多的精力用于提高水资源紧缺适应能力。而且这一指标所需要的数据很少，很便于计算

和应用。

但是这一指标仍没有涉及水资源的具体供求状况，仍不能反映所评价单元的水资源是否能够满足需求，而只能给出不同评价单元相互间的对比和排名。

（三）水资源开发利用程度

水资源开发利用程度定义为，年取用的淡水资源量占可获得的可更新淡水资源总量的百分率。世界粮农组织（FAO，2001）、联合国教科文卫组织（UNESCO，2012）、联合国可持续发展委员会（Engelman and LeRoy，1993）等很多机构都选用这一指标作为反映水资源稀缺程度的指标。该指标的阈值或标准系根据经验确定：当水资源开发利用程度小于10%时为低水资源压力；当水资源开发利用程度大于10%、小于20%时为中低水资源压力；当水资源开发利用程度大于20%、小于40%时为中高水资源压力；当水资源开发利用程度大于40%时为高水资源压力。

水资源开发利用程度作为衡量水资源稀缺程度的指标，比人均水资源量指标优越的地方是隐含考虑了生态用水，认为人类对水资源开发利用程度越高，水系统及相关自然生态受到的压力就越大。但它也有限制或缺点：第一，水资源开发利用程度与水资源紧缺程度并不完全对应。水资源开发利用程度低并不一定意味着水资源不紧缺或水资源利用效率高。在经济发展水平落后或水资源开发利用条件差的地区，尽管水资源很紧缺但水资源开发利用程度也可能很低。第二，对大的区域进行评价时，这一指标不能反映水资源开发利用强度的时空差异。第三，所需资料要求较高且不易获取。计算水资源开发利用程度除了需要水资源量数据之外，还需要水资源开发利用评价资料。

（四）产水模数及地均水资源量

产水模数指单位国土面积就地产生的多年平均水资源总量，包括地表水和地下水。地均水资源量与产水模数的区别是产水模数不包括客水，而地均水资源量可以包括非当地形成的、从区外获得的客水。产水模数和地均水资源量可以较好地从空间上反映水资源的稀缺程度。但其缺点也是只从供给方面考虑，而没有考虑需水方面。对于产水模数相同但气候不同因而生产方式不同（游牧或农作）、灌溉需水定额不同、人口密度不同的两个地区，水资源的紧缺程度实际上是不一样的。

四、评价指标体系

（一）建立指标体系的必要性

单一的水资源压力指标可以从宏观上反映一个流域水资源的稀缺程度和开发利用程度，可以大体反映一个流域是否具有发展高耗水行业的优势和增加供水的潜力，因此可以粗略地、潜在地反映一个地区的水资源安全程度。但是，这些单一的指标难以准确地反映一个流域的水资源实际满足社会需求的程度，即水资源安全的程度，水资源安全的本质是水供给是否满足需求，必须根据水资源的供求关系来衡量。而且，由于水资源安全是一个很综合的概念，很难简单地用一两个指标反映其全部内容，因而为了全面评价水资源安全程度、诊断水资源安全存在的问题，有必要建立水资源安全评价的指标体系。

（二）建立指标体系的原则

建立指标体系最核心的原则是科学性和简便性的结合。科学性要求指标体系尽可能全面、完整、准确地反映所评价的对象。简便性要求所选取的指标数据容易获得、计算简便、便于操作和应用。科学性与简便性往往互相矛盾，如果刻意追求科学性而忽略简便性，建立的指标体系可能因为资料不具备而难以应用，就会偏离建立指标体系的目的，失去指标体系的应用价值；如果过分注重简便性而忽略科学性，则由此建立的指标体系虽然简便，但却反映不了所评价对象的真实情况，同样也偏离了建立指标体系的目的而失去指标体系的应用价值。实用、合理的指标体系，应该是科学性和简便性的最佳结合。

（三）水贫困指数

水贫困指数（water poverty indicator，WPI）表面上是单一的指数，但实际上是包含了很多指标的指标体系。

水贫困指数是英国生态与环境经济学家 Carroline Sullivan（现就职于澳大利亚南十字星大学 Southern Cross University）提出的用跨学科方法把水的自然可获得性与反映贫困的社会经济变量联系起来以评价水压力与稀缺性的指数（Sullivan，2001，2002，2003）。该指数由资源（resource）、获取（access）、能力（capacity）、利用（use）和环境（environment）5 个分指数组成。各分指数考虑的指标见表 2.1。

表 2.1　区域尺度上水贫困指数分指标可选取的变量

WPI 分指标	区域尺度上的变量
资源（R）	人均水资源可利用量，水资源的可变性或可靠性等
获取（A）	可获得洁净水源的家庭百分比（公共私人供水管道），具有卫生设施的人口百分比，据气候特征调整后的灌溉普及状况等
能力（C）	低于特定收入水平的家庭百分比、5 岁以下儿童死亡率、人口教育程度、人均水行业投资等
利用（U）	人均生活用水、农业用水及工业用水等
环境（E）	水质、水环境压力、生物多样性、土地退化指标等

为了计算各分指数，其下各指标也要经过指数化处理，并对各项指标赋权，采用加权平均法得到分指数。对各分指数，再进一步采用加权平均法，计算得到水贫困指数。

这套指数的优点是比较综合全面考虑与水相关的各个方面，包括社会管理水的能力等。但正因为这种综合性，反而没有紧紧扣住水资源供给是否满足需求的核心，缺乏水资源供需紧张程度的直接信息，一些指标与水资源供给满足需求的程度并不关系密切，并不适合用来评价水资源安全程度。

（四）基于目标的水资源安全评价指标体系

根据水资源安全的经济安全、社会安全和生态安全的多方面目标，可以建立基于目标的水资源安全评价指标体系。相应地，水资源安全的度量指标体系，应该包括反映长远的水资源社会安全、经济安全、生态安全和综合评价等方面内容的指标。

就水资源社会安全而言，从生活用水供水量、供水水质、水费经济承受能力、社会公平等几个方面，可以选用的指标有以下几项。

1）人均生活供水量占标准需水量的比重、人均每天生活用水量，反映生活用水水量保障程度。其中，标准需水量定义为当地合理生活方式（既不穷困也不奢侈）下的人均需水量。

2）符合饮用水水质标准的供水人口占总人口的比例，反映供水水质保障程度。

3）家庭水费支出占家庭可支配收入的比例，反映水价经济承受能力。其中，相对指标家庭水费支出占家庭可支配收入的比例比绝对指标水价更为合理。

4）低收入人群饮用水安全供水覆盖率，反映水资源分配的社会公平程度。

就水资源经济安全而言，从经济用水水量保障程度、水质保障程度、经济承受能力几个方面，可以选用的指标有以下几项。

1）用水量保证程度的指标包括企业实供水量占合理需水量的比重、实际灌溉水量占应灌水量的比例、企业平均停水时间、企业平均停水时间占总时间（停水时间与生产时间之和）的比例、因供水不足而使经济减产（包括工业减产、农业减产、第三产业减产等）的比例。因供水不足而使经济减产的比例定义为，因供水不足而引起的减产量占不受水影响情况下的产量的百分比。另外，万元 GDP 取用/耗用新水量、万元工业产值取用/耗用新水量、灌溉定额也可在一定程度上反映供水安全程度。不论是现状分析还是未来的预测，采用的用水定额越高，说明需水估计越是偏大偏松，缩减需水的潜力越大，水资源供需平衡就越有保障。优先推荐的指标是企业平均停水时间和实际灌溉水量占应灌水量的比例。原因是这两个指标较为直接，可以避免对产量等次一级变量评估的不确定性。

2）经济用水的水质达标率定义为，不符合水质要求的经济部门用水量占经济部门总用水量的比重，反映水质保证程度。对农业而言，可以选用灌溉用水达不到农业灌溉用水标准的灌溉面积占总灌溉面积的比重。

3）水费占总生产成本的比重，反映经济部门对水价的承受能力，该比重越低，经济部门对水价的承受能力就越强，水资源就越安全。

就水资源生态安全而言，按照压力-状态-响应的逻辑关系，可以选用的指标有以下几项。

1）生态需水满足程度，反映人类用水对水资源及水相关生态系统的压力，定义为实际生态耗水量占区域最低生态需水量的百分比，如果指标值大于100%，就是安全的，否则就是不安全的，指标值越大越安全。另外水资源开发利用程度也是较好反映人类对水及水相关生态压力的指标。水资源开发利用程度越高，人类对水及水相关生态的压力必然越大。

2）水相关生态状态指标，如受污染河段占总河长的比例、受污染湖泊面积占湖泊总面积的比例、长流河河道断流天数、平原地下水漏斗区面积占平原总面积的比例、累计地下水超采量占多年平均地下水资源量的比例及实有湖泊湿地面积占期望保护面积的比例等。其中，“受污染”的标准可以选为超过生活用水标准、工业用水标准、农业灌溉用水标准等不同等级的标准。关于地下水漏斗，可能累计地下水超采量占多年平均地下水资源量的比例比平原地下水漏斗区面积占平原总面积的比例作为衡量超采的指标更合理。因为前者考虑的是包括超采面积和超采深度两个因素在内的总超采量，而后者只考虑超采面积，没有考虑超采深度。

3）水相关生态响应指标，如生物受水量水质改变影响的程度、水质污染对人们身体健康的影响程度及农产品品质因灌溉用水水质差所受影响的程度等等。推荐指标为：代表性物种种群数量变化率，典型水产品有毒物含量。

水资源整体安全评价可以选用的指标有以下几项。

1）总量供需平衡指标，如总供水量满足总需水量（生活需水、生产需水和生态需水之和）的百分率（总需水满足率）、人类耗水量占人类可耗用量的比例、人均用水量及人均耗水量与人均水资源量之比等。其中优先推荐总需水满足率和人类耗水量占人类可耗用量的比例。

2）缺水时用于诊断缺水性质的判别指标包括，在水资源量、水质、工程供水能力都不构成限制情况下的缺水为管理性缺水，如上游浪费水而引起的下游缺水；在水资源量、工程供水能力都不构成限制但水质不符合要求情况下的缺水为水质性缺水，如南方某些多水地区城市的缺水；在水资源量、水质都不构成限制但工程供水能力不足情况下的缺水为工程性缺水，包括因调蓄工程不足产生的季节性缺水；在水资源量不足情况下的缺水为资源性缺水及当几种限制因素同时出现时为混合性缺水。

3）用于衡量异常情况（如特枯年份）水资源风险的指标：城镇供水保证率、农村生活供水保证率、枯水发生概率、特枯年份生活用水保证程度及枯水（特枯、连续枯）年份 GDP 受损率等。

将以上各个方面的指标结合起来，就构成一套水资源安全评价指标体系（表 2.2）。

表 2.2　基于目标的区域水资源安全评价指标体系

目标	评价因子	可选评价指标	推荐指标
水资源社会安全	水量保障程度	人均城镇生活供水量占标准需水量的比重	人均城镇生活供水量占标准需水量的比重、人均农村生活供水量占标准需水量的比重
		人均农村生活供水量占标准需水量的比重	
		城镇人均每天生活用水量	
		农村人均每天生活用水量	
	水质保障程度	符合饮用水水质标准的供水人口占总人口的比例	水质安全人口比例
	水价承受能力	生活用水水价 家庭水费支出占家庭可支配收入的比例	家庭水费支出占家庭可支配收入的比例
	水资源分配社会公平	低收入人群饮用水安全供水覆盖率	弱势群体安全供水率

续表

目标	评价因子	可选评价指标	推荐指标
水资源经济安全	水量保障程度	企业实供水量占合理需水量的比重	企业平均停水时间、实际灌溉水量占应灌水量的比例
		实际灌溉水量占应灌水量的比例	
		企业平均停水时间	
		企业平均停水时间占总时间的比例	
		因供水不足而使工业减产的比例	
		因供水不足而使农业减产的比例	
		因供水不足而使三产减产的比例	
		万元 GDP 取用/耗用新水量	
		万元工业产值取用/耗用新水量	
	水质保障程度	不符合水质要求的经济部门用水量占经济部门总用水量的比重	灌溉用水达不到农业灌溉用水标准的灌溉面积占总灌溉面积的比重
		灌溉用水达不到农业灌溉用水标准的灌溉面积占总灌溉面积的比重	
	经济承受能力	水费占总生产成本的比重	水费占总生产成本的比重
		经济用水水价	
水资源生态安全	水生态压力	生态需水满足程度	生态需水满足程度、水资源开发利用程度
		水资源开发利用程度	
		污染负荷与纳污能力的比值	
	水相关生态状态	受污染河段占总河长的比例	受污染河段比例、累计地下水超采量占多年平均地下水资源量的比例、实有湖泊湿地面积占期望面积的比例
		受污染湖泊面积占湖泊总面积的比例	
		长流河河道断流天数	
		平原地下水漏斗区面积占平原总面积的比例	
		累计地下水超采量占多年平均地下水资源量的比例	
		实有湖泊湿地面积占期望面积的比例	
	水相关生态响应	航运受水量水质改变影响的程度	代表性物种种群数量变化率；典型水产品有毒物含量
		生物受水量水质改变影响的程度	
		水质污染对人们身体健康的影响程度	
		农产品品质因灌溉用水水质差所受影响的程度	
		航道缩短率	
水资源总体安全	—	总量供需平衡	—
		缺水时用于诊断缺水性质的判别指标	
		用于衡量异常情况水资源风险的指标	

说明：本指标体系在贾绍凤等（2002）的基础上稍作修改，各指标的含义见正文

水资源安全评价指标体系中包含了水资源压力指标，但比水资源压力指标反映的内容要广泛、全面和深刻。利用这套指标体系，可以对区域水资源总体安全状况、水资源社会安全、水资源经济安全和水资源生态安全等方面以及缺水类型、异常风险情况进行诊断和评判。

（五）基于约束条件的水资源安全评价指标体系

为便于水资源安全评价的实际操作，并与社会上从水量、水质的角度来考虑问题的思维习惯相一致，我们建立并采用基于水资源安全的水量、水质等约束条件的水资源安全评价指标体系。

水资源安全的约束条件包括水资源数量充足、水资源质量符合用水要求、供水及相关生态可持续和供水成本可以承受四个方面。

就水资源安全的数量充足性要求而言，主要衡量可供水量是否满足需水量。一方面从多年平均情况下可供水量满足需水的程度来评价水量总体满足程度；另一方面用供水保证率来评价枯水的影响。可选指标有以下几项。

总需水满足率：等于可供水量占需水量的百分比；

生活需水满足率：等于生活可供水量占生活需水量的百分比；

农业需水满足率：等于农业可供水量占农业需水量的百分比；

工业需水满足率：等于工业可供水量占工业需水量的百分比；

城镇供水保证率：对于单个城镇，城镇供水保证率等于可以保证城镇供水的时间长度与同期总时间长度的百分比，这是就时间域定义的保证率；对于全国或大的区域而言，可以在空间域或者用户域定义城镇保证率，等于有供水保证的城镇人口占全部城镇人口的百分比；

农村生活供水保证率：与城镇供水保证率类似，可以在时间域上定义单个乡村的供水保证率，等于可以保证农村生活供水的时间长度与同期总时间长度的百分比；也可以在用户域上定义农村生活保证率，等于有供水保障的农村人口占全部农村人口的百分比；

灌溉用水保证率：在时间域上等于可以保证灌溉供水的时间长度与同期总时间长度的百分比；在用户域上等于有供水保障的土地面积占总灌溉面积的百分比。

就水资源安全的水质符合性要求而言，主要评价水质是否满足生活生产和生态用水的水质要求，可从自然水体水质和工程供水的用户终端水质两个层次来进行评价。可选指标有以下几项。

河流水域功能达标长度比例：等于水域功能达标河流长度与总河流长度的百分比；

湖泊水域功能达标面积比例：等于水域功能达标湖泊面积与总湖泊面积的百分比；

近海水域功能达标率：近海水域功能达标面积与总面积的百分比；

城市饮用水水源达标率：可以用达标城市水源水量与城市水源总水量的百分比或者达标水源个数占总水源个数的百分比来量化；

农村饮用水水源达标率：达标农村饮用水水源个数/农村饮用水水源总个数；

城镇自来水供水水质达标率：等于城镇自来水达标水量占总供水量的百分比；

农村饮用水供水水质达标率：等于农村饮用水达标水量占总供水量的百分比；

工业用水水质达标率：对单个用户，可以选用水量水质达标率（达标水量/总水量）或时间水质达标率（达标时间长度/总时间长度）来表示；对于全国或大的区域，以采用水量水质达标率适宜；

灌溉用水水质达标率：可以采用水量水质达标率，等于达标水量占总供水量的百分比；或者采用灌溉面积水质达标率，等于水质达标灌溉面积占总灌溉面积的百分比。

就水资源安全的可持续性要求而言，可从水资源的可持续性、水资源开发利用的可持续性和水生态的可持续性三个方面来评价。

水资源的可持续性指水资源自身的可持续性，包括当地水资源和客水的可持续性，这在环境不断变化的情况下尤其需要注意。气候变化和人类活动可能使水资源减少，上游水资源开发利用程度的提高可能使上游来水减少，这都威胁到水资源的可持续性。可选指标有以下几项。

当地水资源减少的可能性与幅度：水资源减少的可能性用概率来表示，比如减少的概率是60%等；减少的幅度可以用多年平均水资源减少率百分率来衡量；

客水减少的可能性与幅度：可用客水减少的概率和水量减少的百分率来衡量。

水资源开发利用的可持续性，包括两个方面的要求，一是水资源开发利用不能靠消耗历史存量资源（如地下含水层储水量）而不可持续；二是水资源开发利用的水权没有冲突，不会因为失去水权而影响持续供水。可选指标有以下几项。

水资源过度开发率：等于（实际开发量—允许开发量）/允许开发量；

地下水超采率：等于（实际开采量—允许开采量）/允许开采量；

有争议或未签协议水权占全部取用水权的比例。

水生态的可持续性要求不能因水资源开发利用不当而引起生态退化危及社会经济可持续发展。因为水质问题已经单独考虑，因此水生态的可持续性主要评价与水资源量的过度开发有关的生态可持续性。可选指标有以下几项。

生态需水满足率；

因缺水引起的绿洲萎缩率；

因缺水引起的湖泊萎缩率。

就水资源安全的成本可承受性而言，可以从用水户的水价承受能力和整个社会的供水成本承受能力两个层次来评价。关于水价承受能力评价，核心内容是衡量生活、生产等各种水价水平是否超过各类用户的承受能力，并关注弱势群体是否得到足够的补贴来维持正常的用水。关于供水成本承受能力评价，是在水价之外，还考虑政府补贴在内的供水总成本的影响，评价整个社会是否有能力承担供水的全部成本。可选指标有以下几项。

生活用水水价与人均收入之比；

家庭水费支出占家庭可支配收入的比例；

低收入人群水费补助率：具体可用补贴人群覆盖度（得到补贴的低收入人数/总低收入人数）或水费补贴深度（补贴水费/总水费）来衡量；

水费占总生产成本的比重；

生产水价与其他国家的比较：用生活水价与其他国家生活水价的比值来衡量；

供水成本的国际比较：用国内或区内供水成本与国外供水成本的比值来衡量；

供水成本的经济增长弹性：等于供水成本增长率/经济增长率。

根据水资源安全的约束条件及各部分的评价指标，可以建立如表 2.3 所示的评价指标体系。

表 2.3　基于约束条件的区域水资源安全评价指标体系

约束条件	评价因子	评价指标
水资源数量充足性	常年需水数量满足程度	总需水满足率（可供水量/需水量）
		生活需水满足率
		农业需水满足率
		工业需水满足率
	供水保证率	城镇供水保证率
		农村生活供水保证率
		灌溉用水保证率
水质符合性	自然水体水质	河流水域功能达标长度比例
		湖泊水域功能达标面积比例
		近海水域功能达标率
		城市饮用水水源达标率
		农村饮用水水源达标率
	供水水质	城镇自来水供水水质达标率
		城市符合饮用水水质标准的供水人口占总人口的比例
		工业用水水质达标率
		灌溉用水水质达标率
可持续性	水资源可持续性	当地水资源减少的可能性与幅度
		客水减少的可能性与幅度
	开发利用可持续性	水资源过度开发率
		地下水超采率
		有争议或未签协议水权占全部取用水权的比例
	水生态可持续性	生态需水满足率
		因缺水引起的绿洲萎缩率
		因缺水引起的湖泊萎缩率
成本可承受性	生活水价居民是否可以承受	生活用水水价与人均收入之比
		家庭水费支出占家庭可支配收入的比例
		低收入人群水费补助率
	生产水价企业是否可以承受	水费占总生产成本的比重
		生产水价与其他国家的比较
	供水成本社会是否可以承受	供水成本的国际比较
		供水成本的经济增长弹性

以上水资源安全评价指标体系，经过各级变量的指数化和赋权，可以汇总计算出综合的水资源安全指数。具体的指数化和赋权方法见第五章。

本书将根据给予约束条件的指标体系，对中国的水资源安全的数量充足性、水质符合性、可持续性和成本可承受性的几个方面来进行评价。

参考文献

畅明奇. 黄强. 2006. 水资源安全理论与方法. 北京：中国水利水电出版社.

方子云. 2001 . 提供水安全是 21 世纪现代水利的主要目标——兼介斯德哥尔摩千年国际水会议及海牙部长级会议宣言. 水利水电科技进展，21（1）：9-10.

洪阳，栾胜基. 1998 . 中国二十一世纪的水安全问题. 中国环境管理，(4)：4-7.

洪阳. 1999. 中国 21 世纪的水安全. 环境保护，(10)：29-31.

贾绍凤，何希吾，夏军. 2004. 中国水资源安全问题与对策. 中国科学院院刊，19（5）：347-351.

贾绍凤，张军岩，张士锋. 2002. 区域缺水指标与水资源安全评价指标体系. 地理科学进展，21（6）：538-515.

贾绍凤，张士锋. 2003. 海河流域水资源安全评价. 地理科学进展，22（4）：379-388.

姜文来. 2001. 中国 21 世纪水资源安全对策研究. 水科学进展，12（1）：66-71.

连振祥. 2011. 黑河：中国水权改革在这里试水. 经济参考报：4-27.

刘昌明，陈志恺. 2001. 中国水资源现状评价和供需发展趋势分析. 北京：中国水利水电出版社.

刘洋，李崇光. 2000. 中国未来水资源安全的思考. 生态经济，(4)：1-4.

闵庆文，成升魁. 2002. 全球化背景下的中国水资源安全与对策. 资源科学，24（4）：49-55.

钱正英，张光斗. 2001. 中国可持续发展水资源战略研究综合报告及各专题报告. 北京：中国水利水电出版社.

王小民. 2001 . 二十一世纪的水安全. 社会科学，(2)：25-29.

夏军，朱一中. 2002. 水资源安全的度量：水资源承载力的研究与挑战. 自然资源学报，13（3）：263-269.

熊正为. 2000. 水资源污染与水安全问题探讨 . 中国安全科学学报，10（5）：39-42.

张翔，夏军，贾绍凤. 2005. 干旱期水安全及风险评价研究. 水利学报，36（9）：1138-1142.

赵明. 2000. 专家争鸣：西北“不缺水”?《中国经济时报》2000 年 09 月 19 日

Appelgren B，Klohn W. 1999. Management of water scarcity：A focus on social capacities and options. Physics and Chemistry of the Earth. Part B：Hydrology，Oceans and Atmosphere，24（4）：361-373.

Cosgrove，William J，Frank R，Rijsberman for the World Water Council. 2000. World Water Vision：Making Water Everybody's Business. Earthscan.

Craven K，Tuluy H A . 1979. Rice Policy in Senegal. Food Research Institute，Stanford University. http://pdf. usaid. gov/pdf _docs/PNAAN672. pdf.

Elena R. 2007. The World Water Crisis：A Challenge to Social Justice. Nairobi，Kenya：Paulines Publications Africa.

Engelman R，LeRoy P. 1993. Sustaining Water：Population and the Future of Renewable Water Supplies. Washington D C：Population Action International：18-22.

Falkenmark M，Widstrand C. 1992. “Population and Water Resources：A Delicate Balance，” in Population Bulletin. Washington D C：Population Reference Bureau：19.

Falkenmark M. 1992. Water scarcity and population growth：A spiralling risk. Ecodeision，9（21）：

498-502.
FAO. 2001. Water Use Intensity. http://www. fao. org/gtos/tems/resources/socioeco/Water _ use _ intensity. pdf.
Martin Sherman. 1999. The politics of water in the Middle East: An Israeli Perspective on the Hydro-Political Aspects of the Conflict. New York: St. Martin's Press, Inc: 192.
Micklin. P P. 1997. Water and the New States of Central Asia. London: Royal Institute of International Affairs, 60.
Ohlsson L. 2000. Water Conflicts and Social Resource Scarcity. Physics and Chemistry of the Earth, Part B: Hydrology, Oceans and Atmosphere, 25 (3): 213-220.
Ohlsson Leif, Appelgren Padrigu B , FAO, AGLW. 1998. Alternative socially based approaches to assessment and management of water scarcity. http://www. thewaterpage. com/SoicalResourceScarcity. htm.
Rosegrant M W, Cai X M, Cline S A. 2002. World water and food to 2025: dealing with scarcity. Washington D C: International Food Policy Research Institute.
Shiklomanov I A. 1999. World Water Resources and Water Use: Present Assessment and Outlook for 2025. St Petersburg, Russia: State Hydrological Institute.
Sullivan C A. 2001. The potential for calculating a meaningful Water Poverty Index. Water International, 26 (4): 471-480.
Sullivan C A. 2002. 'Calculating a water poverty index', World Development, vol. 30, no. 1195-1210.
Sulliven C A, Meigh J R, Giacomello A M. 2003. The Water Poverty Index: Development and application at the community scale. Natural Resources Forum, 27 (3): 189-199.
UNESCO. 2012. The 4th edition of the UN World Water Development Report (WWDR4). http://unesdoc. unesco. org/images/0021/002156/215644e. pdf.
Waterbury J, Kolars J, Murakami M, Wolf A, Asit K Biswas. 1997. Core and Periphery: A Comprehensive Approach to Middle Eastern Water. London: Oxford University Press.
William J, Cosgrove Frank R, Rijsberman. Challenge for the 21st Century: Making Water Everybody's Business.
World Water Council. 2000. World Water Vision 2025. Earthscan Publications Ltd.

第三章　中国水资源安全数量评价

一、中国水资源量

（一）降水量

降水是水文循环的重要环节，是水资源的主要补给来源。根据第二次全国水资源调查评价成果①，我国多年平均（1956～2000 年）年降水量为 60879 亿 m^3，相应降水深约为 643mm。

我国降水地区分布不均，年际、年内变化大且具有连丰连枯的特征。我国降水量从东南向西北方向逐渐减少，总体分布是南方多、北方少，山区多、平原少。南方地区面积占全国总面积的 36%，多年平均年降水深 1085mm，相应地降水量为 41410 亿 m^3，占全国年降水量的 68%；北方地区面积占全国总面积的 64%，多年平均年降水深 344mm，相应地降水量约 19445 亿 m^3，占全国年降水量的 32%。受季风气候影响，我国降水主要集中在汛期，年际变化很大，且北方地区变化幅度大于南方地区。

（二）地表水资源量

地表水资源量是指由当地降水形成的河流、湖泊、冰川等地表水体中可以逐年更新的动态水量，用河川径流量表示。根据 1956～2000 年系列数据评价，全国多年平均年地表水资源量为 27388 亿 m^3。丰水年（频率为 20%）、枯水年（75%）和特枯水年（95%）全国地表水资源量分别为 28488 亿 m^3、25241 亿 m^3 和 23284 亿 m^3。

全国平均地表径流深的空间分布规律与降水量类似，总体趋势是从东南向西北递减。

据中国水资源公报，2011 年全国地表水资源量 22213.6 亿 m^3，折合年径流深为 234.6mm，比多年平均值少 16.8%，比 2010 年的地表水资源量减少 25.5%。受降水减少影响，2011 年的全国地表水资源量是 1956 年以来最少的一年。

（三）地下水资源量

地下水资源量是指与当地降水和地表水体有直接水力联系，矿化度≤2g/L，参与水循环且可以逐年更新的动态水量。全国平均年地下水资源量为 8218 亿 m^3，其中矿化度不超过 1g/L 的占地下水资源总量的 97%，矿化度 1～2g/L 的占地下水资源总量的 3%。在全国地下水资源量中，北方地区占地下水资源总量的 30%，南方地区占地下水资源总量的 70%。全国山丘区地下水资源量为 6770 亿 m^3，占地下水资源总量的 79%，绝大多数通过河川径流的形式排泄；平原区地下水资源量为 1765 亿 m^3（含与山丘区间重复计算量 317 亿 m^3），占地下水资源总量的 21%。

---

① 水利部水利水电规划设计总院．2008．中国水资源及其开发利用调查评价．

2011年，全国矿化度不大于2g/L的浅层地下水计算面积为854万m^2，地下水资源量为7214.5亿m^3，比多年平均值偏少10.6%。其中，平原区地下水资源量为1674.7亿m^3，山丘区地下水资源量为5842.2亿m^3，平原区与山丘区之间的地下水资源重复计算量为302.4亿m^3。

（四）水资源总量

水资源总量为当地降水形成的地表和地下产水量，即地表径流量与降水入渗补给地下水量之和扣除二者的重复量。

1956～2000年全国多年平均水资源总量为28412亿m^3，其中地表水资源量为27388亿m^3，地下水资源量8218亿m^3，地表水资源量与地下水资源量重复计算水量7194亿m^3。从全国来看，丰水年（频率为20%）全国水资源总量为29342亿m^3，枯水年（频率为75%）全国水资源总量为26392亿m^3，特枯水年（频率为95%）全国水资源总量为24599亿m^3。

各大流域的水资源情况见表3.1。

表3.1　分区多年平均水资源量（1956～2000年）　　（单位：亿m^3）

分区	降水量	地表水资源	不重复量	水资源总量
松花江	4718.7	1295.7	196.1	1491.9
辽河	1712.7	408.0	90.2	498.2
海河	1711.7	216.1	154.4	370.4
黄河	3554.8	607.2	112.2	719.4
淮河	2767.0	676.9	234.5	911.4
长江	19370.3	9857.4	102.3	9959.7
东南诸河	3464.3	1987.8	7.6	1995.4
珠江	8972.5	4708.2	14.4	4722.5
西南诸河	9185.7	5775.1	0.0	5775.1
西北诸河	5420.9	1173.9	101.8	1275.7
太湖流域	434.4	161.5	15.9	177.4
全国	61785.9	27388.1	1037.7	28412.3

注：数据来自《中国水资源及其开发利用调查评价》

单位土地面积的产水量称为产水模数。全国平均产水模数为29.9万m^3/km^2，北方地区多年平均产水模数为8.7万m^3/km^2，南方地区多年平均产水模数为67.1万m^3/km^2。其空间分布见彩图1。

总体来说，近50年来我国水资源量变化趋势比较平稳（图3.1），但丰枯不一，枯水年出现的次数明显多于丰水年。受气候变化影响，西南地区及长江中下游部分地区连续出现大旱，形势严峻，不容乐观。

2011年全国水资源总量为23256.7亿m^3，比多年平均值偏少16.1%，为1956年以来最少的一年。地下水与地表水资源不重复量为1043.1亿m^3，占地下水资源量的

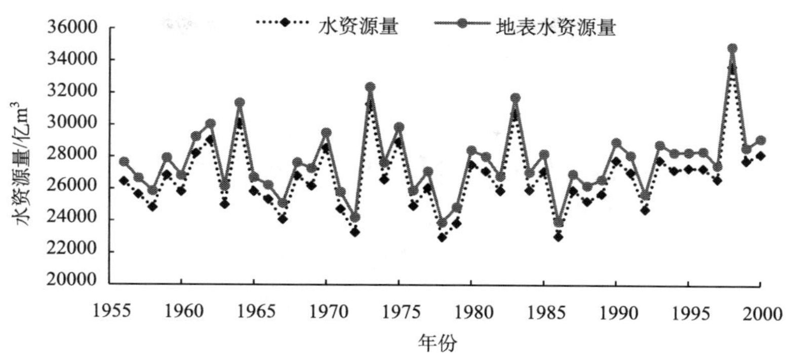

图 3.1　1956～2010 年全国水资源量变化

14.5%（地下水资源量的 85.5%与地表水资源量重复）。全国水资源总量占降水总量的 42.2%，平均单位面积产水量为 24.6 万 m^3/km^2。北方地区水资源总量为 5132.7 亿 m^3，比常年值偏少 6.5%，占全国水资源总量的 21.2%；南方地区水资源总量为 18124.1 亿 m^3，比常年值偏少 18.3%，占全国水资源总量的 78.8%。

我国水资源总量地区分布不均，南方多、北方少，山区多、平原少。北方地区水资源总量约为 5267 亿 m^3，占全国水资源总量的 19%，南方地区为 23145 亿 m^3，占全国水资源总量的 81%。在全国水资源总量中，山丘区水资源总量约占 90%，平原区约占 10%。

全国多年平均产水系数（水资源总量与相应降水量比值）为 0.46。北方地区产水系数均小于南方地区。北方地区多年平均产水系数为 0.27，南方各水资源一级区多年平均产水系数均在 0.50 以上，平均为 0.55。

二、中国水资源开发利用潜力

水资源可利用量是以流域为单元，在保护生态环境和水资源可持续利用的前提下，在可预见的未来，通过经济合理、技术可行的措施，在当地水资源中可供河道外开发利用的最大水量（按不重复水量计）。水资源可利用量是一个流域水资源开发利用的最大控制上限。

（一）地表水资源可利用量

地表水资源可利用量是指在保护生态环境和保障水资源可持续利用的前提下，在可预见的未来，通过经济合理、技术可行地表水供水措施，在当地地表水资源量中可供河道外开发利用的最大水量（按不重复水量计）。据此，一个区域的地表水资源量可划分为三部分：一是由于技术手段和经济因素等原因尚难以被利用的部分汛期洪水；二是为维系河流生态环境功能而应保持在河道内的基本生态环境用水量；三是可供人类社会经济活动使用的河道外开发利用不重复的最大水量（即地表水资源可利用量）。

根据水资源综合规划的研究成果，在全国地表水资源量中，地表水资源可利用量约为 7524 亿 m^3，地表水资源可利用率（地表水资源可利用量与地表水资源量的比值）为

28.2%。其中北方松花江、辽河、海河、黄河和辽河5个水资源一级区地表水资源可利用率平均为46%，西北诸河区地表水资源可利用率平均为38%，南方4个水资源一级区地表水资源可利用率平均为25%。

根据各地不同的水资源条件和维护河流基本生态功能的不同要求，需保持在河道内的基本生态环境用水量不同，若北方地区按其地表水资源量的15%～25%（其中内陆河一般为其地表水资源量的50%～60%），南方地区按其地表水资源量的25%～35%考虑，则全国河道内基本的生态环境用水约需8674亿 m^3，约占全国地表水资源量的32%。此外，在可预见的未来，在技术经济条件可行的各类水资源配置工程实施后我国尚有约10507亿 m^3 难以控制利用的洪水量尚余留在河道内，最终排泄入海和流出国境或流入边境界河，约占全国地表水资源量的40%。

综上分析，在全国地表水资源量中，扣除地表水资源可利用量后的剩余水量，即河道内基本生态环境用水量与难以控制利用的洪水量之和为河道内剩余的河道内生态环境总水量，全国合计为19181亿 m^3，约占全国地表水资源总量的72%左右。其中北方5个水资源一级区剩余的河道内生态环境总水量为地表水资源量的54%，南方4个水资源一级区为75%，西北诸河区为62%。如将地表水资源可利用量与河道内基本生态环境用水量之和作为基本可由人工控制的天然河川径流量，全国合计为16198亿 m^3，约占地表水资源总量的60%左右。

（二）地下水可开采量

地下水可开采量是指在可预见的时期内，通过经济合理、技术可行的措施，在不引起生态环境恶化的条件下，通过凿井等地下水利用方式从地下含水层中获取的可持续利用的水量。地下水可开采量是反映一个区域地下水资源量中最大可供社会经济系统利用的最大水量。本次评价的是平原区矿化度不大于2g/L的浅层地下水资源量中的多年平均年可开采量。

考虑维系地下合理生态水位和不产生环境地质问题的要求，全国平原区可持续利用的浅层地下水可开采量为1230亿 m^3，相当于平原区地下水资源量的70%。其中，北方地区可开采量为991亿 m^3，占其地下水资源量的72%；南方地区为239亿 m^3，相当于地下水资源量63%。

（三）水资源可利用总量

水资源可利用总量是由流域的地表水资源可利用量与平原区浅层地下水可开采量相加，再扣除地表水资源可利用量与平原区浅层地下水可开采量计算之间的重复计算水量。水资源可利用总量是一个流域和区域可供社会经济系统利用的最大不重复利用水量，该指标用以控制流域水资源开发利用的总体程度。据初步估算，在全国水资源总量中，水资源可利用总量约为8140亿 m^3，水资源可利用率（水资源可利用总量与水资源总量的比值）为29.4%。若将水资源总量中扣除水资源可利用总量，剩余的水量则为河流及地下水系统的总生态环境用水量，全国合计水量为19578亿 m^3，约占全国水资源总量的71%（表3.2）。

表 3.2 分区水资源可利用量

区域	地表水资源可利用量		水资源可利用总量	
	可利用量/亿 m^3	可利用率/%	可利用总量/亿 m^3	可利用率/%
松花江	542	41.8	660	44.3
辽河	184	45.0	240	48.1
海河	110	51.1	237	64.1
黄河	315	51.8	396	55.1
淮河	330	48.8	512	56.2
长江	2827	28.7	2827	28.4
东南诸河	560	28.2	560	28.1
珠江	1235	26.2	1235	26.1
西南诸河	978	16.9	978	16.9
西北诸河	443	37.7	495	38.8
全国	7524	28.2	8140	29.4

三、中国水资源开发利用现状

（一）供水设施

新中国成立初期，水资源开发利用基础设施薄弱，供水设施基本以小型分散为主，全国大中型水库仅有二十多座，1949 年全国总供水量约 1030 亿 m^3。新中国水利发展历经 60 余年，党和国家对水利事业高度重视，兴建了大量水利工程，对防御洪涝灾害和旱灾、保证农业持续稳定增产，保障工业及城镇化进程供水、解决边远山区和牧区居民和牲畜饮水，以及保护生态环境等方面发挥了重要贡献。

根据第一次全国水利普查，截至 2011 年，全国共有水库 98002 座，大型水库 1512 座，中型水库 3938 座，小型水库 93308 座，总库容达 9323 亿 m^3。其中已建水库97246 座，总库容 8104 亿 m^3；在建水库 756 座，总库容 1219 亿 m^3。过闸流量 $1m^3/s$ 及以上的水闸 268476 座，橡胶坝 2685 座。泵站 424451 座，其中规模以上（装机流量$\geqslant 1m^3/s$ 或装机功率$\geqslant$50kW）泵站 89063 座。塘坝等工程 457 万座，总容积 303 亿 m^3，窖池 689 万处，总容积 2.5 亿 m^3。农村供水工程共有 5887 万处，其中集中式供水工程 92 万处，分散式供水工程 5795 万处。农村供水工程总受益人口 8 亿，其中，集中式供水工程受益人口 5.5 亿。地下取水井 9749 万眼，地下水取水量共 1084 亿 m^3，其中，用于灌溉约 753 亿 m^3。地下水水源地共有 1847 处（中华人民共和国水利部、国家统计局，2013）。

（二）供水能力

供水能力是指利用供水工程设施，对水量进行存储、调节、处理、传输，可以向用水户分配的、具有一定保证程度的最大水量。根据全国水中长期供求规划成果，2000 年全国供水能力达 6965 亿 m^3，其中，本地地表水 5405 亿 m^3，外调水 328 亿 m^3，地下水 1255 亿 m^3，其他供水 63 亿 m^3。分区供水能力如图 3.2 所示。

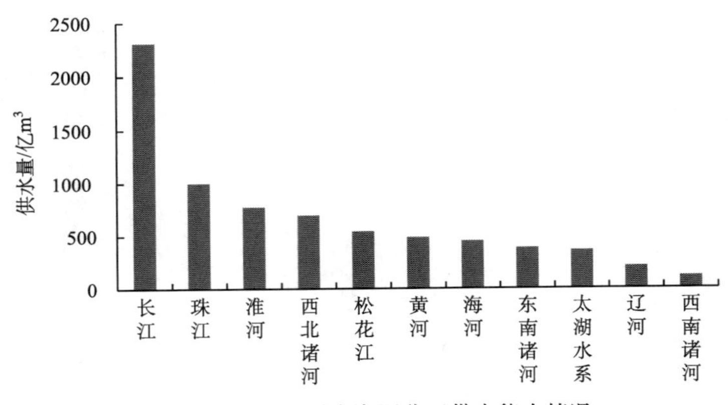

图 3.2 我国不同水资源分区供水能力情况

（三）供水量

供水量是指各种水源为用水户提供的包括输水损失在内的毛水量之和，按受水区分为地表水源、地下水源和其他水源统计。2011 年全国总供水量为 6107.2 亿 m^3，占当年水资源总量的 26%。其中，地表水源供水量 4953.3 亿 m^3，占总供水量的 81%；地下水源供水量 1109.1 亿 m^3，占总供水量的 18%；其他水源供水量 45 亿 m^3，占总供水量的 0.7%。北方地区总供水量 2766 亿 m^3，南方地区总供水量 3341 亿 m^3。2011 年水资源一级区供水量见表 3.3。

表 3.3 2011 年水资源一级区供水量 （单位：亿 m^3）

水资源一级区	地表水供水量					地下水供水量	其他水源	总供水量
	蓄水	引水	提水	调水	小计			
松花江区	107.7	105.4	80.0	0.0	293.1	201.0	1.3	495.5
辽河区	42.8	20.5	31.4	0.0	94.7	109.0	3.7	207.4
海河区	15.6	44.9	22.9	39.5	122.9	234.3	11.9	369.1
黄河区	30.5	179.0	59.0	0.0	268.5	129.0	6.9	404.4
淮河区	184.6	61.5	96.0	132.5	475.3	178.3	4.7	658.3
长江区	602.5	443.1	854.9	5.7	1922.4	79.7	7.8	2010.0
东南诸河区	142.1	119.0	75.2	0.0	336.4	8.8	0.9	346.1
珠江区	342.6	230.4	246.2	0.3	834.5	36.0	6.3	876.8
西南诸河区	26.7	73.6	3.8	0.0	104.1	3.6	0.1	107.9
西北诸河区	102.4	390.3	6.0	2.6	501.2	129.3	1.0	631.6
全国	1597.5	1667.6	1475.6	180.5	4953.3	1109.1	44.8	6107.2

注：引自《水资源公报》，2011 年

（四）用水量及其变化分析

1. 现状用水量

用水量是指各类用水户取用的包括输水损失在内的毛水量之和（MWR，2011）。

2011 年全国总用水量为 6107 亿 m^3，其中农业用水量 3744 亿 m^3（其中农田灌溉用水 3362 亿 m^3，林牧渔业用水 381 亿 m^3），占总用水量的 61.3%；工业用水量 1462 亿 m^3（其中，火（核）电工业用水 496 亿 m^3），占总用水量的 23.9%；生活用水量 790 亿 m^3（其中，城镇生活用水 500 亿 m^3，农村生活用水 290 亿 m^3），占总用水量的 12.9%。2011 年全国用水结构如图 3.3 所示。

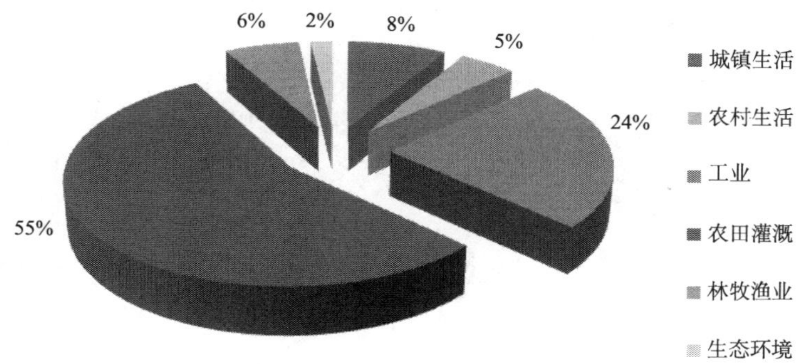

图 3.3　2011 年全国用水结构示意图

由于区域社会经济发展水平和水资源禀赋各异，地区用水结构差异明显（图 3.4）。由西至东，气候越趋湿润，人口密度逐渐加大，第一产业比重下降，第二产业比重上升，与之相应，生活和工业用水比重逐渐加大，农业用水比重减少。2011 年用水量中，西北诸河区和西南诸河区农业用水比例分别达 91%和 78%；长江区和东南诸河区工业较发达，其工业用水占总用水量的比例分别达 37%和 37%，其中太湖流域高达 51%；生活用水比例以海河区、珠江区和辽河区为最大，约占其总用水量的 18%。2011 年水资源一级区用水量见表 3.4，省区用水量见表 3.5。

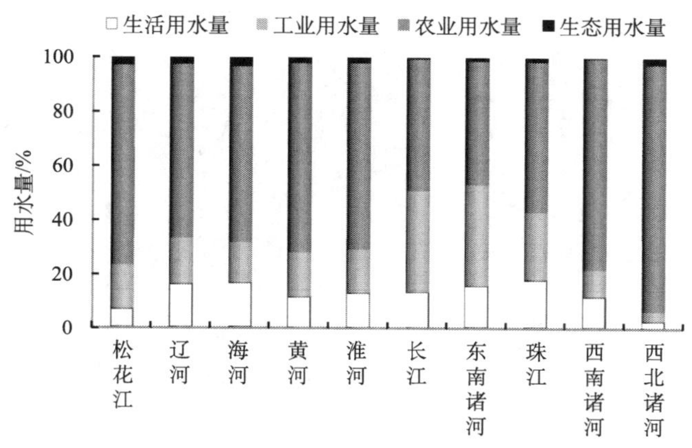

图 3.4　2011 年水资源一级区用水结构示意图

表 3.4　2011 年水资源一级区用水量　（单位：亿 m³）

水资源一级区	城镇生活	农村生活	工业		农田灌溉	林牧渔业	生态环境用水	总用水量
			小计	火（核）电				
松花江区	22.5	13.8	79.4	20.8	351.1	13.3	15.4	495.5
辽河区	21.4	12.8	34.8	4.4	126.6	6.4	5.5	207.4
海河区	38.9	23.8	55.0	7.6	220.8	17.8	12.6	369.1
黄河区	29.1	18.9	65.5	8.3	256.6	24.8	9.6	404.4
淮河区	49.4	38.7	103.8	23.1	413.6	38.0	14.8	658.3
长江区	178.1	95.2	746.8	347.7	912.9	60.2	16.7	2010.0
东南诸河区	39.6	15.8	128.2	21.7	142.2	15.1	5.1	346.1
珠江区	106.0	53.6	216.6	60.2	422.6	62.7	15.3	876.8
西南诸河区	4.5	8.6	10.5	0.0	68.2	15.6	0.4	107.8
西北诸河区	10.2	8.8	21.1	1.8	447.8	127.3	16.4	631.6
全国	499.7	290.0	1461.8	495.6	3362.3	381.2	111.8	6107.2

表 3.5　2011 年省区用水量　（单位：亿 m³）

地区	城镇生活	农村生活	工业		农田灌溉	林牧渔业	生态环境用水	总用水量
			小计	火（核）电				
北方地区	154.0	105.9	313.5	49.9	1577.4	209.4	73.6	2434.0
南方地区	345.7	184.1	1148.3	445.7	1784.9	171.8	38.2	3673.2
北京	14.3	2.0	5.0	1.5	6.7	3.5	4.5	36.0
天津	4.2	1.3	5.0	0.6	11.4	0.2	1.1	23.1
河北	12.9	13.2	25.7	2.1	132.0	8.5	3.6	196.0
山西	8.6	4.4	14.3	2.5	38.2	5.3	3.4	74.2
内蒙古	7.1	8.0	23.6	3.5	126.6	9.3	10.0	184.7
辽宁	17.5	8.4	24.0	2.3	85.4	4.3	4.9	144.5
吉林	9.0	6.1	26.6	9.6	78.1	3.5	7.9	131.2
黑龙江	14.3	7.0	53.2	12.0	263.5	8.8	5.6	352.4
上海	23.3	1.5	82.6	71.6	15.5	0.9	0.5	124.5
江苏	39.1	13.3	192.9	142.7	273.7	33.9	3.3	556.2
浙江	29.8	10.2	61.8	3.6	77.4	14.7	4.6	198.5
安徽	18.6	13.1	90.6	38.9	162.3	6.1	4.0	294.6
福建	17.4	7.8	83.5	19.3	93.3	5.3	1.5	208.8
江西	16.5	12.0	60.6	21.3	166.7	5.0	2.1	262.9
山东	20.5	17.7	29.8	4.3	131.9	17.0	7.2	224.0
河南	19.9	17.5	56.8	6.2	114.5	10.1	10.3	229.1
湖北	21.7	12.0	120.4	36.5	129.9	12.4	0.3	296.7
湖南	25.9	19.3	95.6	28.1	180.8	2.3	2.6	326.5
广东	75.7	21.6	133.6	40.7	186.8	37.3	9.1	464.2
广西	21.3	24.4	57.3	17.3	174.9	18.3	5.6	301.8

续表

地区	城镇生活	农村生活	工业		农田灌溉	林牧渔业	生态环境用水	总用水量
			小计	火（核）电				
海南	4.4	2.2	3.9	0.1	27.5	6.3	0.1	44.5
重庆	13.6	5.5	43.3	15.3	21.9	1.7	0.7	86.8
四川	19.8	18.5	64.6	6.4	119.9	8.5	2.2	233.5
贵州	7.4	7.5	30.7	2.4	49.6	0.1	0.6	95.9
云南	11.0	13.5	25.2	1.4	90.4	5.7	1.0	146.8
西藏	0.2	1.7	1.7	0.0	14.3	13.1	0.0	31.0
陕西	9.0	7.2	13.2	1.5	50.0	6.2	2.1	87.8
甘肃	6.0	4.6	15.4	1.4	89.4	4.4	3.0	122.9
青海	1.9	1.8	3.5	0.2	18.7	4.8	0.5	31.1
宁夏	1.2	0.7	4.6	0.8	61.2	5.0	1.0	73.6
新疆	7.7	6.1	12.6	1.5	369.9	118.5	8.7	523.5
全国	499.7	290.0	1461.8	495.6	3362.3	381.2	111.8	6107.2

注：本表未包括港、澳、台数据，下同

2. 用水量变化

(1) 总用水量变化

近 60 年来中国用水变化反映了处在工业化中前期的发展中国家用水的变化趋势。用水增长阶段性特征，反映了用水与经济增长及产业结构变动的内在联系，并为许多国家的发展所证明。中国的用水变化过程既遵循了一般的规律，也具有自身的特点。1949～1980 年，我国工业化水平显著提高，社会经济用水总量增长较快，年均用水增长率为 4.8%；1980 年以后，用水量总体呈缓慢上升趋势，其中生活和工业用水呈持续增加态势，农业用水则受气候影响上下波动、呈缓降趋势。

1949 年全国总用水量仅 1030 亿 m^3，人均用水量为 $187m^3$；1959 年全国总用水量增至 2050 亿 m^3，人均用水量 $316m^3$；1965 年全国总用水量增至 2744 亿 m^3，人均用水量 $378m^3$；1980 年全国总用水量达到 4408 亿 m^3，人均用水量 $449m^3$。1980～2000 年，全国总用水量仍处于增长态势，2000 年全国总用水量比 1980 年增加 1215 亿 m^3，人均用水量基本维持在 $450m^3$ 左右。2000 年以后，全国用水量增长趋势逐步减缓，年均增长率保持在 1%～2%（表 3.6 和图 3.5）。

分行业的用水量变化过程见表 3.7。生活用水、工业用水、生态用水一直呈增长趋势，农业用水在 1997 年达到顶峰后已经回落，但近年来又呈上升趋势。总用水量呈上升态势，但增速放缓。

表 3.6 1949～2011 年全国用水量变化趋势

年份	1949	1959	1965	1980	1993	2000	2011
用水量/亿 m^3	1030	2050	2744	4408	5198	5621	6107
人均用水量/m^3	187	316	378	449	445	445	450
年均增长率/%	7.1	4.3	3.2	1.3	1.1	1.5	

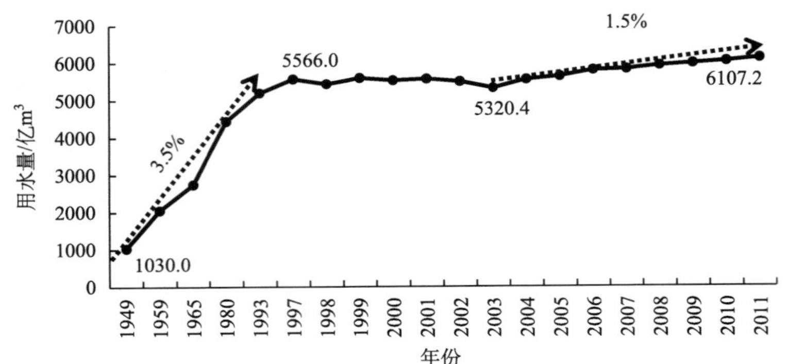

图 3.5　1949～2011 年全国用水量变化

表 3.7　1949～2011 年全国分行业用水量　　（单位：亿 m^3）

年份	总用水量	生活用水	工业用水	农业用水	生态环境用水
1949	1030	6	24	1000	—
1959	2050	10	96	1944	—
1965	2744	18	181	2545	—
1980	4408	230	418	3760	—
1993	5198	475	906	3817	—
1997	5566	525	1121	3920	—
1998	5435	544	1125	3766	—
1999	5591	563	1159	3869	—
2000	5531	575	1139	3784	—
2001	5567	600	1142	3826	—
2002	5497	619	1142	3736	—
2003	5320	631	1177	3433	79
2004	5548	651	1229	3586	82
2005	5633	675	1285	3580	93
2006	5795	694	1344	3664	93
2007	5819	710	1404	3599	106
2008	5910	729	1397	3664	120
2009	5965	748	1391	3723	103
2010	6022	766	1447	3689	120
2011	6107	790	1462	3744	112

注：1949～1993 年的数据引自刘昌明和陈志恺．2001．中国水资源现状评价和供需发展趋势分析；1949、1959、1965 年的数据为估算数；1994～2011 年的数据引自《中国水资源公报》．http://www.mwr.gov.cn/zwzc/hygb/szygb/

（2）流域用水变化

根据 2000～2011 年各水资源一级区总用水量数据分析（图 3.6），用水趋势基本平稳的有西南诸河、辽河、东南诸河和珠江流域；长江流域的用水量持续呈增长态势，但增长幅度已放缓；西北诸河的用水量经缓慢增长之后已基本达到最高峰；松花江的用水呈持续增长的趋势；黄河流域的用水呈上下摆动的状态，没有明显滑落的趋势；淮河流域的用水在2003年有大幅度下降，之后一直呈增长态势；海河流域的用水量自2006年以后即呈下降的态势。

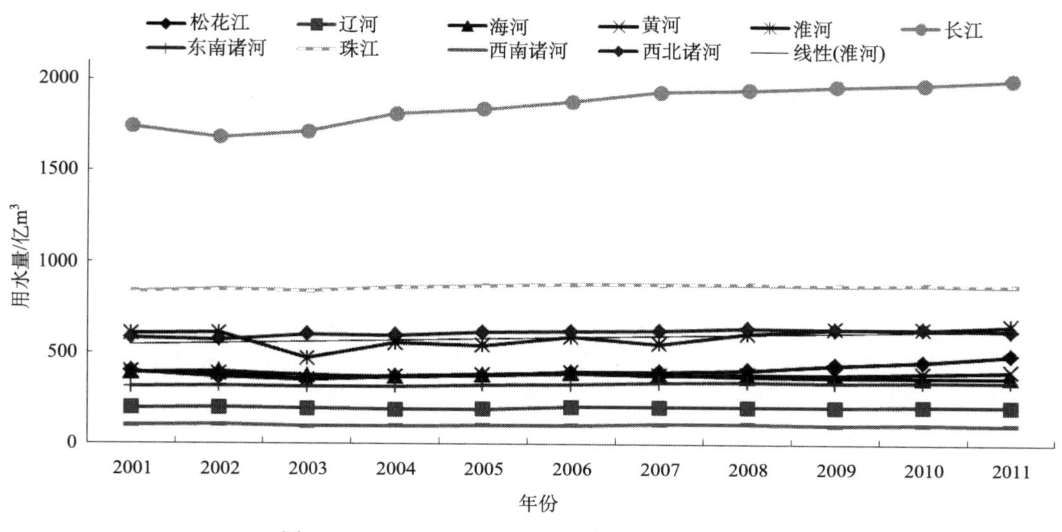

图 3.6 2001～2011 年水资源一级区用水量变化

(3) 省区用水变化

近期（2001～2011 年）全国各省区用水态势总体趋缓。有 5 个省区的总用水量处于下降趋势（用水年均增长率为负）；有 11 个省区的总用水量趋于稳定（用水年均增长率在以下）；有 3 个省区的用水量没有明显的增减趋势，但波动较大；有 12 个省区的用水量仍处于上升趋势（增长率>1%）。

各省区总用水量的变化见表 3.8。

表 3.8 各省区历年总用水量及年均变化率

分区	2000 年/亿 m³	2005 年/亿 m³	2011 年/亿 m³	2000～2005 年/%	2006～2011 年/%	2000～2011 年/%
北京	40.4	34.5	36.0	−3.11	0.97	−1.04
天津	22.6	23.1	23.1	0.44	0.09	0.20
河北	212.2	201.8	196.0	−1.00	−0.80	−0.72
山西	56.9	55.7	74.2	−0.43	4.59	2.44
内蒙古	172.3	174.8	184.7	0.29	0.66	0.63
辽宁	136.4	133.3	144.5	−0.46	0.46	0.53
吉林	113.5	98.4	131.2	−2.81	4.98	1.33

续表

分区	2000年/亿 m^3	2005年/亿 m^3	2011年/亿 m^3	2000～2005年/%	2006～2011年/%	2000～2011年/%
黑龙江	296.8	271.5	352.4	−1.77	4.25	1.57
上海	112.7	121.3	124.5	1.48	0.98	0.91
江苏	445.6	519.7	556.2	3.12	0.36	2.04
浙江	203.3	209.9	198.5	0.64	−0.96	−0.22
安徽	176.7	208.0	294.6	3.32	4.02	4.76
福建	178.2	186.9	208.8	0.96	2.20	1.45
江西	217.6	208.1	262.9	−0.89	5.03	1.73
山东	248.7	211.0	224.1	−3.23	−0.15	−0.94
河南	204.7	197.8	229.1	−0.68	0.18	1.03
湖北	270.5	253.4	296.7	−1.30	2.77	0.84
湖南	319.7	328.4	326.5	0.54	−0.07	0.19
广东	442.6	459.0	464.2	0.73	0.21	0.43
广西	292.5	312.9	301.8	1.36	−0.81	0.28
海南	44.6	44.1	44.5	−0.23	−0.88	−0.02
重庆	56.6	71.2	86.8	4.70	3.47	3.96
四川	208.5	212.3	233.5	0.36	1.66	1.03
贵州	85.6	97.2	95.9	2.57	−0.83	1.04
云南	147.1	146.8	146.8	−0.04	0.27	−0.02
西藏	27.2	33.2	31.0	4.07	−2.40	1.20
陕西	78.7	78.8	87.8	0.03	0.86	1.00
甘肃	123.1	123.0	122.9	−0.02	0.10	−0.01
青海	27.9	30.7	31.1	1.93	−0.69	0.99
宁夏	87.8	78.1	73.6	−2.31	−1.05	−1.59
新疆	480.0	508.5	523.5	1.16	0.39	0.79
全国	5530.6	5633.0	6107.2	0.37	1.05	0.91

总用水量比较大的省区：江苏省的总用水量最高，根据近五年状况分析，已基本达到用水顶峰；湖南、广西、河北和山东的总用水量在经历小幅变动后亦达到稳定状态，广西和河北甚至呈下降的态势；用水量继续增长的省区有新疆、广东、黑龙江和湖北，预计未来一段时间用水量还将小幅增长；河南省的用水量变动幅度较大，有增有减，还有待继续观察（表3.9）。

表3.9 省区用水变化态势统计

序号	用水态势	省级行政区
1	平稳后下降	广西、河北、浙江、云南、陕西
2	趋于平稳	江苏、湖南、山东、甘肃、辽宁、内蒙古、宁夏、海南、北京、福建、河南
3	小幅波动	西藏、青海、河南
4	持续增长	重庆、贵州、山西、安徽、江西、吉林、新疆、广东、黑龙江、湖北、四川、上海、福建

总用水量位居中游的省区：浙江省和云南省的总用水量近两年呈下降态势；甘肃省的用水量近十年来一直很稳定；安徽和江西的用水量在2003年剧减后一直持续增加，其中安徽省的用水量增加幅度很大，年增长率达7.33%；四川省的用水量渡过一个平稳阶段后开始增加，未来呈增长态势；上海和福建用水量变化平稳，小幅增长；辽宁和内蒙古的用水量已达到平稳阶段；吉林用水量还在小幅增长。

总用水量比较小的省区：陕西、宁夏、海南、北京、天津皆已达到用水高峰，呈现出下降的趋势；重庆和贵州的总用水量近十年来一直处于增长状态；西藏和青海的用水量处于小幅变动中；山西的用水量有从稳定到增加的态势。

(4) 生活用水

1997～2011年，我国居民生活水平大幅提高，城镇化进程加快，人居环境不断改善，生活用水量呈持续增长态势（图3.7）。该时期我国生活用水量年均增长率约为3.0%，其中，城镇生活用水量年均增长5.2%，而农村生活用水量在2009年达到顶峰后逐渐下降，年均增长率为0.3%。

1997～2002年生活用水量增长较为平缓，由525.2亿m^3增加到618.7亿m^3，累计增长93.5亿m^3，年均增长3.3%；城镇生活用水量也呈增长趋势，1997年为246.8亿m^3，2002年增加到320.6亿m^3，累计增加73.8亿m^3，年均增长率为5.4%。农村生活用水量增长速度相对较为缓慢，由1997年的278.3亿m^3增加到2002年的298.1亿m^3，累计增加量为19.8亿m^3，年均增长率为1.4%，但考虑到农村人口减少的因素，改善程度还是不少。

2003～2011年生活用水量增幅较大，2003年生活用水量为630.9亿m^3，2011年增加到789.9亿m^3，累计增加134.9亿m^3，生活用水量年增长率为2.8%。其中，城镇生活用水量由2003年334.8亿m^3增加到2011年的499.7亿m^3，累计增加164.9亿m^3，年均增长率为5.1%；农村生活用水量在波动中逐渐下降，由2003年的296.1亿m^3减少到2011年的290.2亿m^3，减少约5.9亿m^3，年均增长率为−0.25%，这与我国城镇化速度加快导致的农村人口数量下降有关。

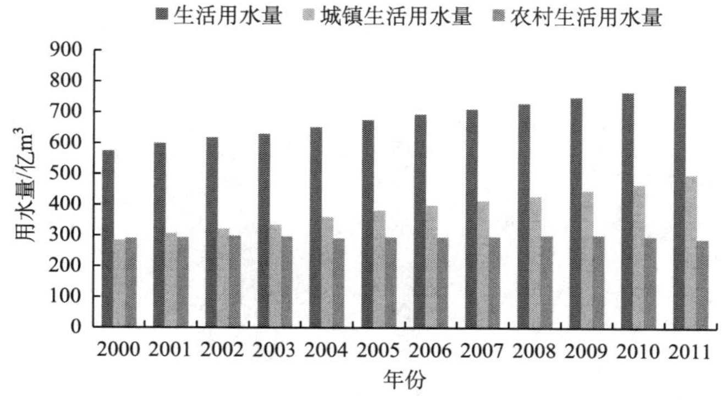

图3.7 2000～2011年全国生活用水量变化

各省、各流域的生活用水量均呈较一致的增长趋势。

2010年生活用水量最多的5个省区是：广东（72.6亿m^3）、江苏（38.0亿m^3）、湖南（25.9 亿 m^3）、浙江（25.1 亿 m^3）、广西（23.1 亿 m^3）。生活用水量最少的 5 个省区是：西藏（0.25 亿 m^3）、宁夏（1.11 亿 m^3）、青海（1.69 亿 m^3）、海南（4.27 亿 m^3）和天津（4.28 亿 m^3）。

生活用水量的分布首先是由人口分布决定的，人口少的省区生活用水量也少；其次与水资源禀赋有关，南方丰水地区人均用水量多，使得北方的人口大省河南（17.97 亿 m^3）、山东（19.3 亿 m^3）生活用水量只排第 10 名、第 8 名；第三是与经济发展水平有关系，如同处海河流域的北京市和河北省，北京人口不足河北的 1/3，而北京生活用水量（10.97 亿 m^3）却与河北相近（12.71 亿 m^3）。

从流域水资源分区来看，长江区生活用水量 168.75 亿 m^3，珠江区 104.76 亿 m^3，二者合计占了 58.5%。

（5）工业用水

1949～1980 年，全国工业取水量从 24 亿 m^3 增加到 418 亿 m^3，工业取水比重从 2.3%提高到 10%。改革开放以来，工业化进程加速，工业取水量增加到 2011 年的 1462 亿 m^3，工业取水比重提高到 23.9%。同时，通过串联利用、循环利用和再生水利用等技术，工业用水重复利用率从改革开放前的 15%左右提高到目前的 85%以上，重复利用水量达到九千多亿 m^3（表 3.10）。此外，2012 年沿海地区直接利用海水 841 亿 m^3，其中绝大部分用于火（核）电的冷却用水①。

表 3.10　中国工业用水量　（单位：亿 m^3）

年份	用水总量	重复利用量	淡水取用量			海水利用量
			合计	一般工业	火（核）电	
1949	—	—	24	—	—	2
1980	—	73.8	418	—	—	—
1993	1594	627.5	906	—	—	60
1997	2252	1046.0	1121	—	—	85
1998	2406	1185.5	1125	—	—	95
1999	2611	1325.0	1159	—	—	127
2000	2989	1708.5	1139	812.7	326.5	141
2001	3611	2318.6	1142	770	371.8	150
2002	4608	3250.3	1142	778.1	364.2	216
2003	5825	4427.8	1177	788	389.2	220
2004	6464	5001.0	1229	791.5	437.4	234
2005	8072	6550.4	1285	811.9	473.3	237
2006	7777	6164.4	1344	849.4	494.4	269
2007	8893	7157.0	1404	892.4	511.7	332

① 国家海洋局．《2012 年全国海水利用报告》．

续表

年份	用水总量	重复利用量	淡水取用量			海水利用量
			合计	一般工业	火（核）电	
2008	10390	8581.6	1397	898.8	498.2	411
2009	10613	8732.7	1391	895.7	495.2	488.8
2010	11050	9115.0	1447	950.1	497.2	488
2011	11276	9209.5	1462	966.2	495.6	604.6

资料说明：工业淡水取用量和海水直接利用量资料引自《中国水资源公报》；工业重复用水量根据中国城市统计年鉴及全国节水规划等文献中的重复利用率数据估算；工业总用水量＝重复利用量＋淡水取用量＋海水直接利用量

中国分省工业用水情况见表 3.11。2011 年平均每省工业用水量为 47.1 亿 m^3，但省间差别很大。2011 年工业用水量最多的是江苏省，用水量为 192.9 亿 m^3，最少的是西藏自治区，只用 1.7 亿 m^3，最多与最少之比为 113。不过，值得注意的是工业用水量的省区排名与工业增加值的排名不完全一致。2011 年工业用水量排前 5 名的省份为：江苏、广东、湖北、湖南、安徽，而工业增加值的排名是：广东、江苏、山东、浙江、河南。显然，除了江苏和广东都在前 5 名，其他省份很不一致，湖北、湖南、安徽工业用水量排在前 5 名，但工业增加值排名在 10～15 名；山东、浙江、河南工业增加值排在前 5 名，相反工业用水量却排名靠后，说明这几个省的工业用水效率较高。尤其是山东省工业增加值排全国第 3 名，工业用水量却只排第 16 名。

表 3.11　中国分省工业用水量　（单位：亿 m^3）

地区	1997 年	1999 年	2000 年	2005 年	2007 年	2009 年	2010 年	2011 年
江苏	136.4	147.7	142.4	207.9	225.3	194.5	191.9	192.9
广东	123.5	130.4	102.8	133.9	141.1	136.2	138.8	133.6
湖北	69.7	73.3	78.2	82.6	96.6	100.8	117.1	120.4
湖南	51.6	57.5	54.6	80.5	82.5	83.5	89.8	95.6
安徽	39.0	37.5	38.6	67.7	83.8	93.7	94	90.6
福建	38.7	46.5	46.7	63.5	72.8	77.2	81.3	83.5
上海	67.7	76.3	78.7	81.3	81.3	84.2	84.9	82.6
四川	54.8	48.7	49.4	56.8	59	61.6	62.9	64.6
浙江	44.8	52.1	52.6	58.1	64.2	55.3	59.7	61.8
江西	50.5	45.0	47.5	51.2	58.6	53.2	57.4	60.6
广西	60.1	40.4	38.7	45	47.8	54	55.2	57.3
河南	40.8	40.4	41.7	45.9	51.3	53.5	55.6	56.8
黑龙江	74.6	87.8	95	55.5	57.5	55.7	56	53.2
重庆	23.7	23.5	25.2	33	40.9	47.6	47.4	43.3
贵州	21.5	24.1	18.9	28.1	31.8	34.1	34.3	30.7
山东	41.7	44.2	43.6	21.8	24.1	24.7	26.8	29.8

续表

地区	1997 年	1999 年	2000 年	2005 年	2007 年	2009 年	2010 年	2011 年
吉林	16.6	16.1	18.9	18.8	19.5	23.6	26.1	26.6
河北	27.0	27.4	27.3	25.7	25	23.7	23.1	25.7
云南	11.9	17.5	18.3	18.4	22.3	22.4	25.5	25.2
辽宁	33.3	30.3	28.3	21.1	24.4	23.9	25	24.0
内蒙古	7.7	8.4	8.4	13.2	18.5	20.9	22.6	23.6
甘肃	16.8	16.8	17.7	15.8	14	13.1	13.8	15.4
山西	15.3	13.3	13.4	13.9	14.4	10.5	12.6	14.3
陕西	13.7	12.3	12.7	12.8	11.7	11.4	12.1	13.2
新疆	9.9	10.6	10.9	8.2	9.2	10.1	11.2	12.6
北京	11.0	10.6	10.5	6.8	5.7	5.2	5.1	5.0
天津	5.3	7.0	5.3	4.5	4.2	4.4	4.8	5.0
宁夏	6.3	5.3	4.8	3.5	3.5	3.7	4.1	4.6
海南	3.4	3.8	3.7	3.2	4.7	3.9	3.8	3.9
青海	3.6	3.7	3.8	6.3	7.2	3	3.3	3.5
西藏	0.5	0.7	0.7	0.5	1.1	1.4	1.5	1.7
全国	1121.16	1159.0	1139.2	1285.2	1404.1	1390.9	1447.3	1461.8

分区来看（表 3.12），2011 年在 10 个水资源一级区中，工业用水量最多的是长江区 746.8 亿 m^3，占全国工业用水总量（1461.8 亿 m^3）的一半还多。其次是珠江区，为 216.6 亿 m^3；东南诸河区和淮河区也超过了 100 亿 m^3；其他区都在 100 亿 m^3 以下，尤其是西南诸河区和西北诸河区分别只有 10 亿 m^3 和 20 亿 m^3 左右，都在长江流域的 3%以下。

对比分省、分区工业用水量和水资源量，除了西南诸河区情况特殊，工业用水量的分布与水资源量的分布是比较一致的。

表 3.12　中国分区工业用水量　（单位：亿 m^3）

地区	1997 年	1999 年	2000 年	2005 年	2007 年	2009 年	2010 年	2011 年
长江区	491.53	502.65	505.8	645.5	728.6	720.3	746.6	746.8
珠江区	194.03	190.18	159.2	195.7	210.8	212	222.6	216.6
东南诸河区	66.47	81.84	83.8	105.5	118.4	116.7	121.8	128.2
淮河区	96.49	101.66	99.6	105.3	99.6	97.9	98.8	103.8
松花江区	127.24	137.28	113.4	74.7	78.6	81.8	82.5	79.4
黄河区	59.08	53.88	56.5	55.6	61.5	56.9	61.5	65.5
海河区	67.16	69.1	65.8	55.4	52	49.2	50.8	55.0
辽河区	—	—	32	25.8	29.7	30.7	34.8	34.8
西北诸河区	15.04	15.84	16.5	16.9	17.2	16.8	18.4	21.1
西南诸河区	4.13	6.52	6.7	4.8	7.7	8.6	9.7	10.5
全国	1121.16	1159.0	1139.2	1285.2	1404.1	1390.9	1447.3	1461.8

注：数据引自历年《中国水资源公报》

2011 年，全国工业增加值 17.0 万亿元，工业用水量 1461.8 亿 m^3，平均万元工业增加值用水量为 78m^3，假定 2011～2020 年工业增加值年均增长率为 10%，则 2020 年工业增加值将达到 40 万亿元，若按 2011 年的工业用水水平，则用水量将达到 3700 亿 m^3。但按照工业节水规划的要求，工业用水量年均增幅应控制在 1%以内，2020 年工业用水量力争控制在 1500 亿 m^3，工业用水重复利用率提高到 70%以上。按照这一总量控制目标，2020 年万元工业增加值用水量应控制在 40m^3 以下，同时，工业废水处理率和达标排放率必须达到 100%。这就要求未来 10 年要加快工业结构优化升级，坚持循环经济和资源节约、环境友好的发展模式，不断加大节能减排、节水减污的力度，以有限的水资源支撑新型工业化的发展。

(6) 农业用水

近 10 年来，全国用水总量呈缓慢上升态势，工业、生活和生态用水量也呈上升趋势，但农业用水量呈缓慢下降趋势（表 3.13 和图 3.8）。近 10 年来全国农业用水量平均值为 3684.2 亿 m^3，最大值是 1997 年的 3919.7 亿 m^3，最小值是 2003 年的 3432.8m^3，比 1999 年减少了 436.4 亿 m^3，减幅为 11.28%。2011 年农业用水量比 2010 年增加 54.5 亿 m^3。

表 3.13　中国农业用水量和年际变化率　（单位：亿 m^3）

年份	总用水量	农业用水量	增减数量	年际变化率/%
1997	5566.0	3919.7	—	—
1998	5435.4	3494.7	−425.0	−10.8
1999	5590.9	3869.2	374.5	10.7
2000	5530.6	3783.6	−85.6	−2.2
2001	5567.4	3825.7	42.1	1.1
2002	5497.1	3736.1	−89.6	−2.3
2003	5320.4	3432.8	−303.3	−8.1
2004	5547.8	3585.7	152.9	4.5
2005	5633.0	3580.0	−5.7	−0.2
2006	5795.0	3664.4	84.4	2.4
2007	5818.8	3598.5	−65.9	−1.8
2008	5909.9	3663.5	65.0	1.8
2009	5965.2	3723.1	59.6	1.6
2010	6022.0	3689.1	−34.0	−0.9
2011	6107.2	3743.6	54.5	1.5

全国农业用水量最多的是新疆（488.4 亿 m^3），占全国农业用水总量的 13.05%。排在第 2～5 名的分别是：江苏（307.6 亿 m^3）、黑龙江（272.3 亿 m^3）、广东（224.2 亿 m^3）、广西（193.2 亿 m^3）；排在倒数前 5 名的是：北京（10.2 亿 m^3）、天津（11.6 亿 m^3）、上海（16.5 亿 m^3）、青海（23.5 亿 m^3）、重庆（23.6 亿 m^3）。

从 2000～2011 年水资源一级区不同行业用水量变化情况来看（图 3.9），海河区的

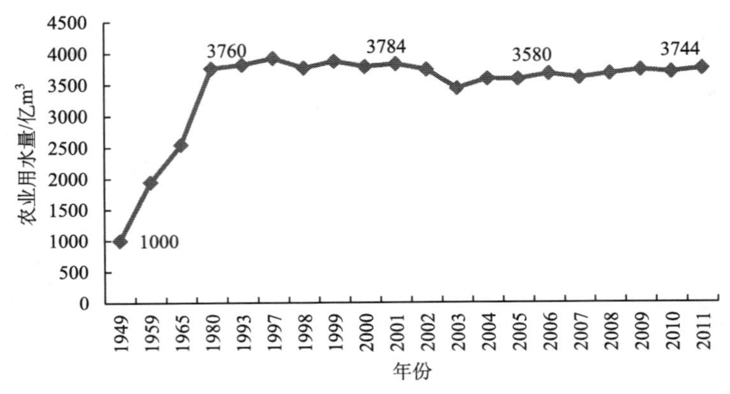

图 3.8　中国农业用水量变化趋势

总用水量呈减少态势，其他一级区皆呈增加态势。除西北诸河外，其他一级区生活用水量的增长率较大，都保持在 2%～4%。松花江区和海河区的工业用水量呈减少态势，而长江区、东南诸河区、西南诸河区和珠江区工业用水量的增长速度较快，保持在 3%左右。松花江区与淮河区农业用水量的增长速度较大，西南诸河区及西北诸河区增速放缓，而其他一级区皆呈减少态势。

总体来说，不同流域不同行业间用水变化态势不一。生活用水量增长态势明显，随着人口数量增长及城镇化进程加速，未来一段时间内生活用水量将继续保持增长的态势。工业用水量总体仍呈增长趋势，主要集中在南方地区，而松花江区和海河区的工业用水量已呈减少态势。农业用水量近来变化态势趋于稳定，在海河区、黄河区及珠江区等一级区呈减少态势。

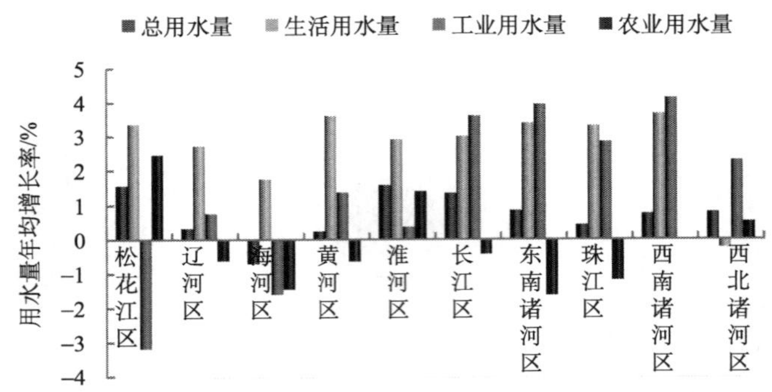

图 3.9　2000～2011 年水资源一级区分行业用水量年均增长率示意图

3. 开发利用程度

水资源开发利用率是指当地供水量占当地水资源量的百分比。根据中国水资源公报数据，选择 2009～2011 年供水量平均值代表现状情形下供水水平，1956～2000 年平均水资源量代表现状情形下水资源禀赋，对考虑调水和不考虑调水两种情况下的水资源开发利用率进行分析计算。

全国现状水资源总开发利用率为21%，但南北方差异很大。北方地区水资源总开发利用率（平均为52%）远高于南方地区（平均为15%），其中不考虑调水情况下的海河区水资源总开发利用率高达100%，黄河区和淮河区都超过了55%；辽河区和西北诸河区水资源总开发利用率分别为42%和50%；松花江区、长江区、珠江区和东南诸河区水资源开发利用率为31%～13%；西南诸河区仅为2%。

在不考虑调水情况下，全国现状地表水资源开发利用率为18%，其中北方地区为39%，辽河区、海河区、黄河区和淮河区地表水资源开发利用率分别为23%、57%、43%和69%；南方地区为14%，长江区、珠江区和东南诸河区分别为19%、18%和13%，西南诸河区仅为2%。

我国于20世纪70年代初大规模开发利用地下水资源，集中在北方平原缺水地区。北方地区现状浅层地下水资源开采率（平原区浅层地下水开采量与现状平均浅层地下水资源量的比值）为39%，开发利用程度较高，其中海河区高达100%，辽河区和松花江区浅层地下水开采率分别为55%和41%；淮河区、黄河区和西北诸河区分别为44%、34%和16%。

各水资源一级区的地表水资源开发利用率、地下水资源开发利用率和总水资源开发利用率见表3.14和图3.10。

表3.14 水资源一级区开发利用率

分区名称	不考虑调水情况		考虑调水情况		地下水资源开发利用率/%
	水资源总开发利用率/%	地表水资源开发利用率/%	水资源开发利用率/%	地表水资源开发利用率/%	
北方地区	52	39	50	38	39
南方地区	14	14	15	14	2
松花江区	31	21	31	21	41
辽河区	42	23	42	23	55
海河区	100	57	88	37	100
黄河区	55	43	66	57	34
淮河区	71	69	60	54	44
长江区	20	19	21	20	3
东南诸河区	13	13	13	13	1
珠江区	19	18	19	18	3
西南诸河区	2	2	2	2	0
西北诸河区	50	43	50	43	16
全国	21	18	21	18	13

（五）用水效率

水资源利用效率包括供水效率和用水效率两个方面。供水效率指单位投入的供水量（例如，单位投资的供水量、供水员工的人均供水量等），或者单位取水量所形成的终端

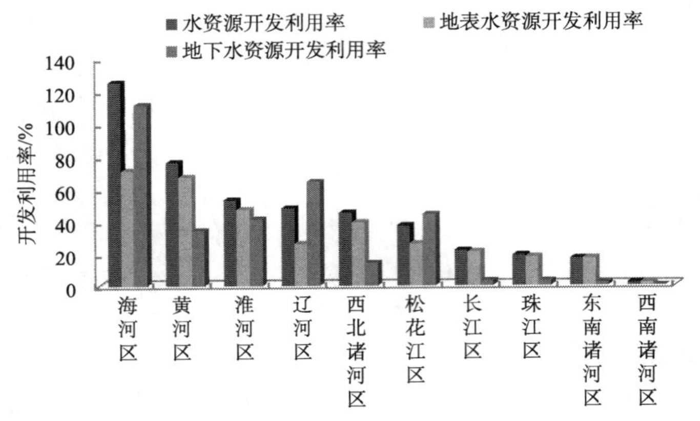

图 3.10　2009～2011 年平均水资源一级区水资源开发利用程度示意图

供水量，用渠系利用系数、供水系统漏损率等指标来反映。用水效率是指使用单位水资源所带来的经济、社会或者生态等效益。

我国主要采用用水指标来评估用水效率。近 20 年来，水资源利用效率虽有一定提高，但总体仍然不高。全国平均单方水 GDP 产出仅为世界平均水平的 1/4 左右；2011 年全国灌溉水利用系数仅为 0.51，与发达国家相比差距较大；一般万元工业产值用水量为发达国家的数倍；全国有 84%的城市其供水管网漏损率在 10%～30%，约有 7%的城市供水管网漏损率超过 30%。由于水资源利用效率较低，用水浪费严重，加剧了我国水资源的短缺。

1. 现状用水水平与效率

2011 年全国人均用水量为 454m^3，万元 GDP（当年价）用水量为 129m^3。农田实际灌溉亩均用水量为 415m^3，农田灌溉水有效利用系数为 0.51，万元工业增加值（当年价）用水量为 78m^3，城镇人均生活用水量（含公共用水）为 198L/d，农村居民人均生活用水量为 82L/d。与 2010 年相比，全国人均用水量、农田实际灌溉亩均用水量、城镇及农村人均生活用水量变化不大；按可比价计算，2011 年万元 GDP 用水量和万元工业增加值用水量分别比 2010 年减少了 7%和 9%。

表 3.15、表 3.16 和表 3.17 分别给出了我国用水指标的国家比较、各省区用水水平指标和各水资源一级区用水水平指标。中国 2012 年的万美元 GDP 用水量为 1712m^3/万元，是发达国家的好多倍。日本 2009 年万美元 GDP 用水量为 167m^3/万元，中国 2012 年的万美元 GDP 用水量是日本 2009 年万美元 GDP 用水量的 10 倍多。

因受人口密度、经济结构、作物组成、节水水平、气候因素和水资源条件等多种因素的影响，各省区的用水指标值差别很大。从人均用水量看，大于 600m^3 的有新疆、宁夏、西藏、黑龙江、内蒙古、江苏、广西 7 个省（自治区），其中新疆、宁夏、西藏分别达 2383m^3、1157m^3、1025m^3；小于 300m^3 的有天津、北京、山西和山东等 10 个省（直辖市），其中天津最低，仅 174m^3。从万元 GDP 用水量看，新疆最高，为 792m^3；小于 100m^3 的有北京、天津、山东和浙江等省区，其中天津、北京分别为 20m^3 和 22m^3。

表 3.15 我国与世界部分国家和地区水资源利用效率比较

国家		水资源总量①/亿 m^3	人均水资源量②/m^3	用水总量③/亿 m^3	农业用水比重③/%	人均用水量③/m^3	万美元GDP用水量④/m^3	万美元工业增加值用水量④/m^3	用水统计数据对应年份
高收入	日本	4300	3399	815	67.0	644	167	87	2009
	美国	28180	9001	4784	40.2	1583	429	972	2005
	荷兰	110	660	106	0.7	637	236	981	2008
	德国	1070	1302	323	0.3	391	155	476	2007
	英国	1450	2314	130	9.9	213	74	119	2006
	法国	2000	3168	316	12.4	512	210	730	2007
	加拿大	28500	82969	436	11.0	1350	530	1439	2005
	意大利	1825	3002	454	44.1	790	411	585	2000
	澳大利亚	4920	21764	225	31.4	1011	400	1053	2010
	以色列	7.5	99	20	57.8	282	148	—	2004
	西班牙	1112	2394	325	60.5	699	438	385	2008
	韩国	648.5	1340	255	62.0	549	429	152	2002
中收入	阿根廷	2760	6771	326	66.1	865	1146	5125	2000
	墨西哥	4090	3563	798	76.7	695	1140	452	2008
	巴西	54180	27551	581	54.6	306	755	565	2006
	马来西亚	5800	20098	132	34.2	488	1117	871	2005
	南非	448	888	125	62.7	272	941	2135	2000
	土耳其	2270	3083	401	73.8	573	1427	561	2003
	中国	28412	2061	6083	63.2	455	1712	817	2012
	泰国	2245	3229	573	90.4	845	3299	355	2007
	俄罗斯	43130	30195	662	19.9	455	2426	4250	2001
	埃及	18	22	683	86.4	973	6841	1303	2000
	哈萨克斯坦	643.5	3971	211	66.2	1304	5219	3821	2010
低收入	菲律宾	4790	5050	816	82.2	860	6804	2189	2009
	乌克兰	531	1175	385	51.2	801	12309	99095	2000
	巴基斯坦	550	311	1835	94.0	1038	17059	522	2008
	印度	14460	1165	7610	90.4	613	7819	703	2010
	越南	3594	4048	820	94.8	965	18323	1648	2005

注：①水资源总量指国（境）内多年平均可再生水资源总量，数据来源于FAO的AQUASTAT数据库，其中，中国数据按照《全国水资源综合规划》进行了更新；②数据来源于FAO的AQUASTAT数据库，各国人口均采用2011年统计数据；③数据来源于FAO的AQUASTAT数据库，用水量指取用新鲜淡水量，不包含非常规水资源利用量。其中，中国按照《水资源公报》总用水量扣除其他水源供水量后的数据、日本按照其国土交通省2012年发布的水资源白皮书、加拿大按照其环境署2007年公布的普查数据、澳大利亚按照其统计局2011年发布的数据进行了更新；④用各国对应年份的用水总量（工业用水量）除以GDP（工业增加值）计算得到，其中，各国GDP和工业增加值数据来源于世界银行WDI数据库（采用2000年不变美元价），各国用水总量和工业用水量数据来源同③。鉴于FAO的AQUASTAT数据库更新了阿根廷、南非、乌克兰工业用水量统计数据（均更新到2005年），此3国万美元工业增加值用水量均为2005年数据。本表引自2012年《中国水资源公报》

表 3.16　2011 年各省区用水水平指标

分区	人均用水量/(m³/人)	万元 GDP 用水量/(m³/万元)	万元工业增加值用水量/(m³/万元)	人均生活用水量/(L/天)		农田实灌亩均用水量/(m³/亩)
				城镇生活	农村居民	
北方地区	434	140	37	—	—	—
南方地区	475	130	106	—	—	—
北京	181	22	16	226	122	234
天津	174	20	9	104	103	263
河北	272	80	22	107	70	210
山西	207	66	24	133	45	210
内蒙古	746	129	33	139	74	355
辽宁	330	65	22	171	84	462
吉林	478	124	54	168	60	406
黑龙江	919	280	95	180	61	468
上海	535	65	115	305	130	519
江苏	705	113	87	219	96	521
浙江	364	61	42	240	111	366
安徽	494	193	128	191	88	342
福建	563	119	109	221	110	699
江西	587	225	112	220	94	610
山东	233	49	14	114	72	203
河南	244	85	41	143	56	163
湖北	517	151	141	200	66	392
湖南	496	166	118	239	100	467
广东	443	87	54	297	136	735
广西	652	257	118	300	175	958
海南	510	176	81	275	123	969
重庆	299	87	92	232	78	318
四川	290	111	68	161	70	377
贵州	276	168	168	167	60	442
云南	318	165	84	177	72	443
西藏	1025	511	345	95	39	387
陕西	235	70	23	139	73	314
甘肃	480	245	80	174	53	553
青海	550	186	43	194	60	607
宁夏	1157	350	57	103	31	903
新疆	2383	792	47	220	57	646
全国	455	129	78	198	82	415

注：引自《2011 年中国水资源公报》

表 3.17　2011 年水资源一级区用水水平指标

分区	人均用水量/(m^3/人)	万元 GDP 用水量/(m^3/万元)	万元工业增加值用水量/(m^3/万元)	人均生活用水量/(L/d)		农田实灌亩均用水量/(m^3/亩)
				城镇生活	农村居民	
松花江区	766	215	78	173	60	439
辽河区	364	79	31	170	81	396
海河区	253	56	20	135	71	212
黄河区	334	92	27	140	53	365
淮河区	334	92	32	143	74	272
长江区	460	123	105	219	82	450
东南诸河区	439	83	68	230	110	506
珠江区	480	121	68	284	135	764
西南诸河区	507	351	142	191	72	500
西北诸河区	2008	604	47	202	57	628
全国	455	129	78	198	82	415

注：引自《2011 年中国水资源公报》

2. 用水水平与效率变化

20 世纪中叶至 80 年代初，我国人均用水量呈快速增长态势，从 1949 年的 $187m^3$ 增加至 1980 年的 $448m^3$；而 20 世纪 80 年代以来，我国人均用水量基本维持在 $450m^3$ 左右的水平（图 3.11）。2011 年全国人均用水量 $455m^3$，以农业为主导产业的西北诸河区人均用水量最大，达 $2008m^3$；经济发达的太湖流域和农业比重较大的松花江区次之，分别为 $606m^3$ 和 $766m^3$；淮河区和海河区最小，分别为 $334m^3$ 和 $253m^3$。

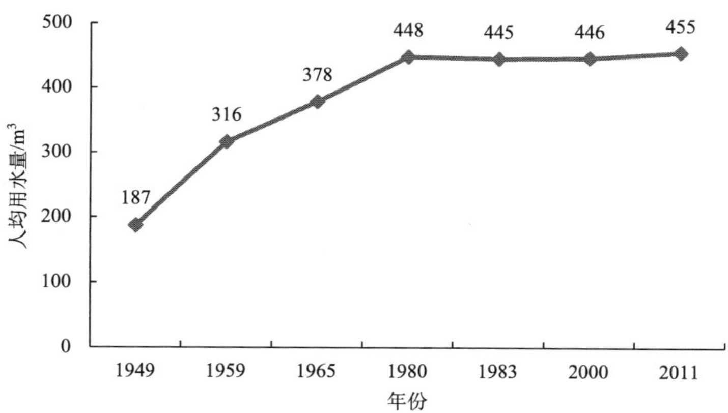

图 3.11　1949～2011 年全国人均用水量变化趋势图

自 1980 年以来，由于社会经济的发展以及用水效率提高，全国万元 GDP 用水量（按 2000 年不变价计，下同）逐年下降，由 1980 年的 $3501m^3$ 降至 2000 年的 $579m^3$，减少了 83%；至 2011 年全国万元 GDP 用水量已下降至 $129m^3$（图 3.12）。

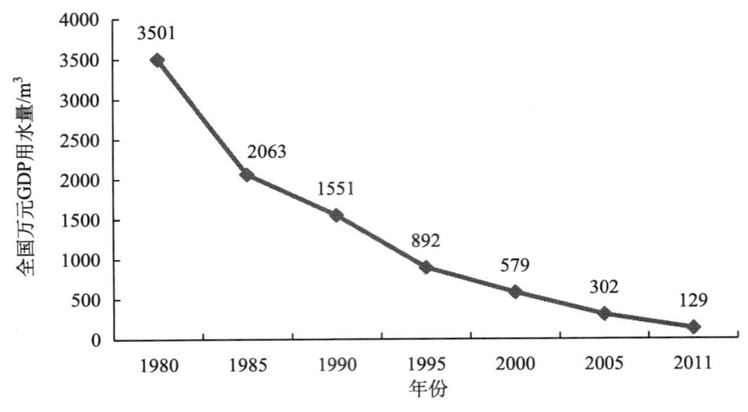

图 3.12　全国万元 GDP 用水量变化趋势图

随着工业结构的不断调整以及用水效率和管理水平的不断提高，全国万元工业增加值用水量由 1980 年的 1110m^3 降至 2000 年的 295m^3，到 2011 年，全国万元工业增加值用水量已降至 78m^3（图 3.13），但省区之间水平不一，其中天津、上海和北京的万元工业增加值用水量已低于 30m^3，而西藏、江西、广西和青海仍大于 150m^3。

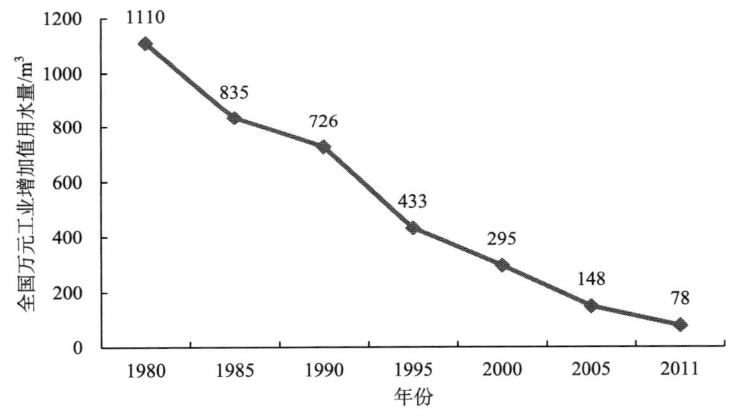

图 3.13　全国万元工业增加值用水量变化趋势图

全国农田灌溉定额（亩均实际用水量）下降迅速（图 3.14）。2011 年，全国农田灌溉亩均实际用水量为 415m^3。各地区亩均灌溉用水差异较大，南方自流灌区以及北方部分干旱地区退水比例较高的地区，亩均灌溉用水量较高。珠江区亩均灌溉用水量最高，达 849m^3，西北诸河区次之，为 736m^3，海河区和淮河区最低，分别为 261m^3 和 285m^3。1980 年以来，农田灌溉亩均综合用水量由 588m^3 降低到 476m^3，减小了近 20%，其中河南、天津、河北、山东、山西、重庆低于 300m^3，宁夏、海南、广西、福建和广东高于 800m^3。

全国城镇居民生活用水指标从 1980 年的 83L/(人・d) 增加到 2000 年的 139L/(人・d)，增加了 66%。城镇生活综合用水指标（含公共用水及绿化与环境用水）由 1980 年的 123L/(人・d) 增加到 2010 年的 213L/(人・d)（图 3.15），提高了近一倍。人均城镇综

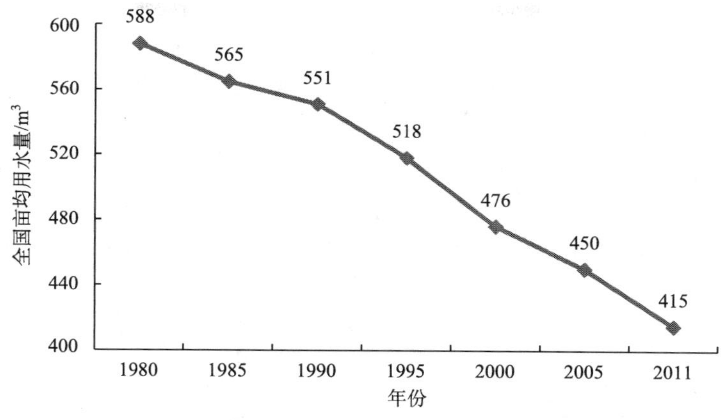

图 3.14 1980～2000 年全国灌溉定额变化趋势图

合用水指标南方地区普遍高于北方地区，其中上海、广东和海南高于 300 L/(人·d)，山东、山西、内蒙古、河南和西藏低于 150 L/(人·d)。农村居民生活用水指标由 51L/(人·d)增加到 65L/(人·d)，其中上海、浙江、广东、广西和海南高于 100 L/（人·d),华北和西北省区大多低于 50 L/(人·d)。

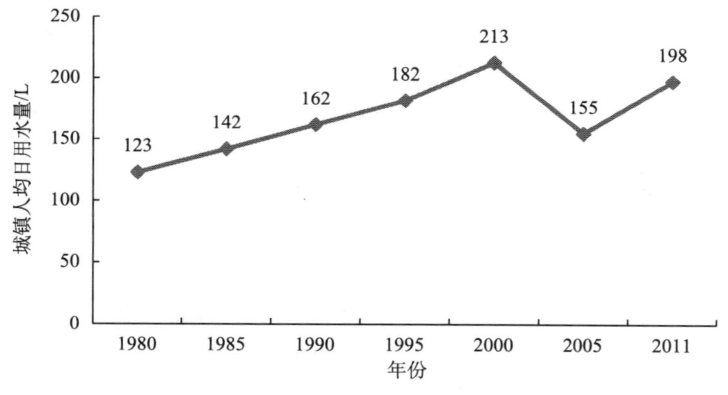

图 3.15 全国城镇人均日用水量变化趋势图

虽然近 20 年来我国水资源利用水平和效率较以往有一定的提高，但总体来看，水资源利用效率仍然不高，与发达国家相比仍有差距。

不过，与 2000 年以前的情况相比，中国与发达国家的用水效率差距在大幅度缩小。以前曾有估计：全国平均单方水 GDP 产出仅为世界平均水平的 1/4 左右；2000 年全国灌溉水利用系数仅为 0.4 左右，与发达国家相比有较大差距；一般万元工业产值用水量为发达国家的 10～15 倍；全国有 84%的城市其供水管网的漏损率在 10%～30%，约有 7%的城市供水管网的漏损率超过了 30%。由于水资源利用效率较低，用水的浪费更加剧了我国水资源的短缺（刘昌明和陈志恺，2001）。但现在中国万美元工业增加值用水量已经与发达国家接近（表 3.15）。中国 2012 年中国万美元工业增加值用水量为 817m^3/万元，已经低于加拿大和澳大利亚，与荷兰和法国接近。

3. 用水结构变化

随着社会经济发展，用水量持续增长，我国用水结构不断调整。2011 年农业用水占总用水量的比重由 1980 年的 85%下降到 61%，工业用水由 10%提高到 24%，生活用水由 5%提高到了 3%（图 3.16）。

由于我国各地区社会经济发展水平和水资源条件不同，用水结构差异显著。随着城乡生活用水及工业用水的增加，用水结构将进一步调整，对供水水质和保障率的要求更高。

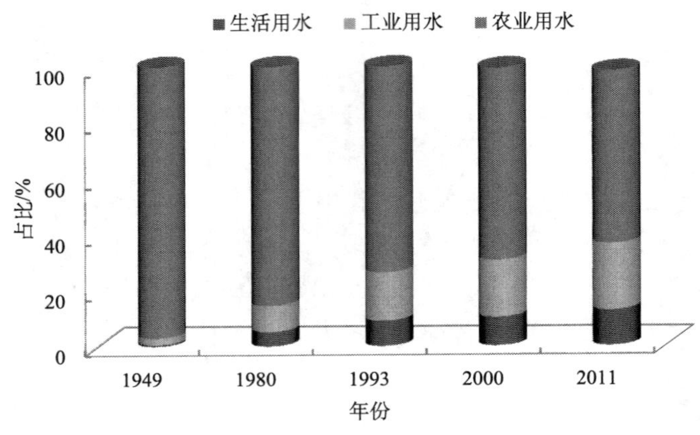

图 3.16　1949～2000 年全国用水结构变化图

四、未来水资源需求预测

（一）用水总量控制方案

2010 年 12 月 31 日，《中共中央国务院关于加快水利改革发展的决定》发布，该文件明确了我国未来水利工作的目标和方向，指出必须加快水利发展，要求实行最严格水资源管理制度，努力实现水资源可持续利用。2012 年 1 月，国务院发布了《关于实行最严格水资源管理制度的意见》的通知，明确了全国及各省“三条红线”考核指标，要求 2015 年、2020 年和 2030 年全国用水总量分别控制在 6350 亿 m^3、6700 亿 m^3 和 7000 亿 m^3 以内，建立了未来一段时期内我国水资源开发利用红线，提出了用水效率控制红线。2013 年 1 月，国务院办公厅印发《实行最严格水资源管理制度考核办法》的通知，提出了各省区用水总量和用水效率控制指标，水利部会同相关部门拟定方案对各省区用水总量具体考核。

图 3.17～图 3.20 分别是全国用水量、万元工业增加值用水量、灌溉水利用系数和水域功能达标率的控制指标。表 3.18 和表 3.19 是各省的“三条红线”的用水总量控制指标和用水效率控制指标。

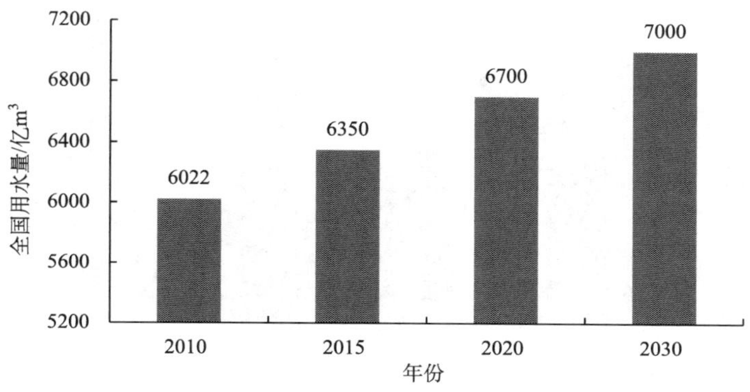

图 3.17　全国用水量控制指标

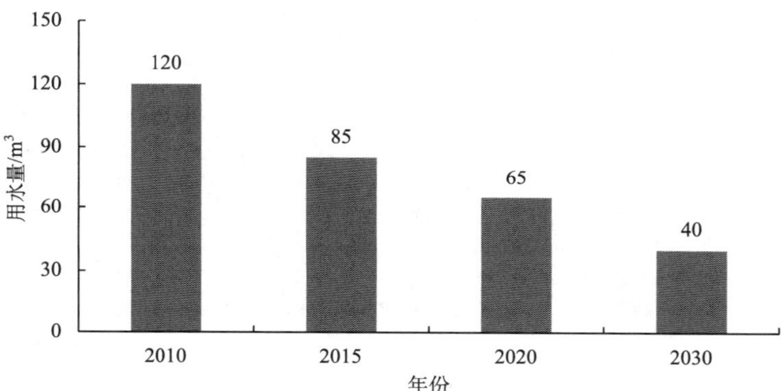

图 3.18　全国万元工业增加值用水量控制指标

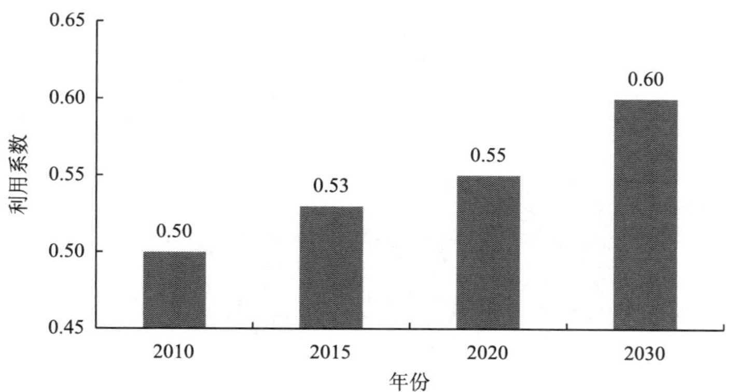

图 3.19　全国农业灌溉水利用系数控制指标

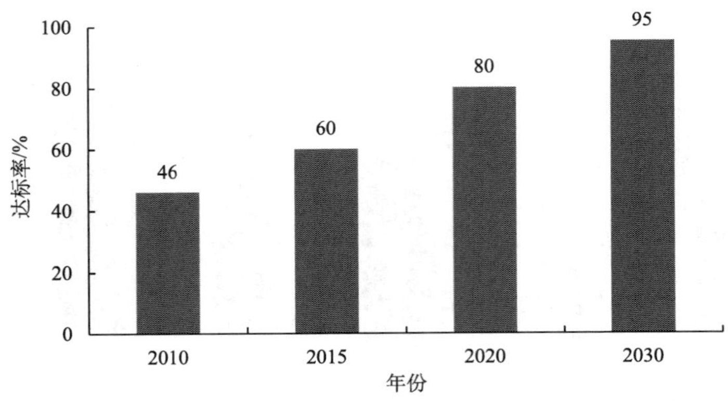

图 3.20 全国水域功能达标率控制指标

表 3.18 各省区用水总量控制目标

地区	2015 年	2020 年	2030 年	地区	2015 年	2020 年	2030 年
北京	40.00	46.58	51.56	湖北	315.51	365.91	368.91
天津	27.50	38.00	42.20	湖南	344.00	359.75	359.77
河北	217.80	221.00	246.00	广东	457.61	456.04	450.18
山西	76.40	93.00	99.00	广西	304.00	309.00	314.00
内蒙古	199.00	211.57	236.25	海南	49.40	50.30	56.00
辽宁	158.00	160.60	164.58	重庆	94.06	97.13	105.58
吉林	141.55	165.49	178.35	四川	273.14	321.64	339.43
黑龙江	353.00	353.34	370.05	贵州	117.35	134.39	143.33
上海	122.07	129.35	133.52	云南	184.88	214.63	226.82
江苏	508.00	524.15	527.68	西藏	35.79	36.89	39.77
浙江	229.49	244.40	254.67	陕西	102.00	112.92	125.51
安徽	273.45	270.84	276.75	甘肃	124.80	114.15	125.63
福建	215.00	223.00	233.00	青海	37.00	37.95	47.54
江西	250.00	260.00	264.63	宁夏	73.00	73.27	87.93
山东	250.60	276.59	301.84	新疆	515.60	515.97	526.74
河南	260.00	282.15	302.78	全国	6350.00	6700.00	7000.00

表 3.19 2015 年各省区用水效率控制目标

地区	万元工业增加值用水量比2010年下降/%	农田灌溉水有效利用系数	地区	万元工业增加值用水量比2010年下降/%	农田灌溉水有效利用系数
北京	25	0.710	湖北	35	0.496
天津	25	0.664	湖南	35	0.490
河北	27	0.667	广东	30	0.474
山西	27	0.524	广西	33	0.450
内蒙古	27	0.501	海南	35	0.562

续表

地区	万元工业增加值用水量比2010年下降/%	农田灌溉水有效利用系数	地区	万元工业增加值用水量比2010年下降/%	农田灌溉水有效利用系数
辽宁	27	0.587	重庆	33	0.478
吉林	30	0.550	四川	33	0.450
黑龙江	35	0.588	贵州	35	0.446
上海	30	0.734	云南	30	0.445
江苏	30	0.580	西藏	30	0.414
浙江	27	0.581	陕西	25	0.550
安徽	35	0.515	甘肃	30	0.540
福建	35	0.530	青海	25	0.489
江西	35	0.477	宁夏	27	0.480
山东	25	0.630	新疆	25	0.520
河南	35	0.600	全国	30	0.530

（二）关于中国高峰需水量的估计

水资源需求预测对水资源规划和管理是十分重要的。但是，不管是国外的预测，还是国内的预测，过去的水需求总是偏大，而付出的代价往往是水资源规划失效，供水工程不能实现预期效益。如何把握社会经济发展的需水宏观规律，更准确地预测需水，是个有重大理论和现实意义、因而值得研究的科学问题（贾绍凤和康德勇，2000）。

中国高峰需水量会出现在什么时间？数量是多少？

原水利部水政司司长、原中国水法研究会名誉会长、著名水利学家柯礼聃先生，是较早提出中国用水零增长问题的人（柯礼聃，2001，2004）。他早在1988年就提出应用人均综合用水定额法来预测需水，以避免其他预测方法参数不确定性所带来的预测结果的大误差，并用人均综合用水量方法预测了中国的高峰需水量，在1988年的《21世纪中国水资源政策与战略》中就提出了中国的用水高峰将出现在21世纪中叶，数量为7000亿m^3，后来又根据人口高峰预测数据由16亿下降为15.5亿而修正为6000亿m^3（柯礼聃，2004）。

2000年7月，由钱正英领衔、中国工程院组织编写的《中国可持续发展水资源战略研究综合报告》预测：我国用水的高峰将在2030年左右出现，在人口达到16亿后，用水量逐渐达到零增长。考虑到未来发展前景的不确定性，因而估计全国用水总量可能达到7000亿～8000亿m^3，人均综合用水量为400～500m^3；分项预测：农业用水4200亿m^3，工业用水2000亿m^3，城乡生活用水1100亿m^3左右（钱正英和张光斗，2001）。

何希吾等（2011）根据发达国家第三产业比重达到60%左右时用水会进入零增长的规律，预测中国2030年左右中国的总需水量会达到6389亿m^3的峰值。

李斯特·布朗对中国高峰需水量做了多次预测，他预测中国在2030年的需水量将达到10680亿m^3，其中农业需水量就要达到6650亿m^3，超过目前中国的总用水量。

贾绍凤也曾较早关注中国的用水零增长和高峰需水量问题，先是在2000年提出了中国的用水高峰不会超过6500亿m^3（贾绍凤等，2000），后来又分析了发达国家工业用水先增加后下降的普遍现象（贾绍凤等，2001），并归纳总结出工业用水的库兹涅茨曲线规律（贾绍凤等，2004）。

实际上关于中国的高峰需水量，已经取得了基本共识。一是认为李斯特·布朗的需水预测很不合理；二是在假设2030年左右人口高峰为14.5亿人的前提下，中国的高峰需水量会在7000亿m^3以下。上述国内专家的预测，柯礼聃、贾绍凤、何希吾等都认为中国的高峰需水量在7000亿m^3以下，甚至低到6000亿m^3以下；钱正英等预测的7000亿～8000亿m^3是以中国人口高峰16亿人为前提，如果按人口规模比例换算成14.5亿人的高峰人口对应的需水量，则也只有6344亿～7250亿m^3，而且在7000亿m^3以下的可能性更大。

从20世纪90年代后半期开始后，中国的用水量增长速度已明显放缓。农业用水量已呈现出下降态势，工业用水量会稍有增长，生活用水量则在人口顶峰到来之前还会持续上升，用水总量基本保持平稳势头。

从2003年开始，中国的用水量似乎又在明显增长。这主要有两个原因：第一，以房地产为代表的经济过热期和2008年世界经济危机后政府的积极财政政策所推动的高用水行业的非正常短期繁荣，使得高用水行业的用水短期反弹；第二，更主要的是由于数据的人为干扰，而不是用水实际情况的反应。原因是从2002年开始编制水资源综合规划，开始规划各省的用水总量指标，各省为了争取更多的用水指标，有很大的人为多报用水数据的倾向。在用水量监测基础还很薄弱的情况下，用水数据往往依靠经验估计，给人为多报用水提供了空间①。

总之，我们认为中国的用水已经进入低增长阶段，北京市、海河流域已经进入零增长阶段。未来用水量不可能有大幅度的上涨。按略有增加进行预测，我国未来高峰用水量可能会在6500亿m^3左右。全国水资源“三条红线”按2030年7000亿m^3来确定用水总量控制目标，是有一定富余的。

五、全国水资源供需平衡分析

水资源供需平衡分析是在一定区域、一定时段内，对某一发展水平年和某一保证率的分部门可供水量和需水量进行平衡分析。在此选取2011年和2030年两个水平年分别在全国层面作简要的水资源供需情况分析。

（一）现状水资源供需平衡分析

中国水资源总量27728亿m^3，水资源可利用总量约为8100亿m^3，而实际用水量停留在6000亿m^3左右。

可见，中国水资源可利用量大于需水量。中国虽然有局部地区严重缺水，海河地区、淮河地区、辽河地区和西北地区的水资源开发利用率都至少超过60%，海河地区

---

① Long Q B, Jia S F, Wang D X, Sheng Z P. 2013. Water Use Statistics Disparity Analysis of China. (Submission).

水资源开利用率甚至接近110%（彩图2），但总体来看，中国水资源能够满足社会经济发展需求，能保证社会经济的快速发展。

（二）未来水资源供需平衡分析

近年来我国面临严峻的水资源形势并得到了国家高度重视，2011年以来我国相继发布了《中共中央国务院关于加快水利改革发展的决定》、《关于实行最严格水资源管理制度的意见》、《实行最严格水资源管理制度考核办法》等重要文件，并于2011年7月召开了中央水利工作会议，要求全面实行最严格的水资源管理制度，确立了水资源开发利用控制红线、用水效率控制红线和水功能区限制纳污红线，严格实行用水总量控制，坚决遏制用水浪费，严控排污总量，着力改变当前水资源过度开发、用水浪费、水污染严重等突出问题，使水资源要素在我国经济布局、产业发展、结构调整中成为重要的约束性、控制性、先导性指标。这标志着中国水资源问题已被放在国家战略层面上提了出来，表明党和政府对水资源危机的重视，预示着中国治水步入了一个新的历史时期。

2030年的用水总量控制红线为7000亿m^3，届时全国万元工业增加值用水量将大幅下降，控制在40m^3左右，农田灌溉水利用系数增加至0.6，灌溉水利用水平显著提高。

未来我国的农业用水将趋于平稳，工业用水和生活用水稍有增加，总用水顶峰在6500亿m^3左右，因此总量不会突破控制红线，全局的水资源数量安全能够保障。虽然面临水资源时空分布不合理的问题，但是通过挖潜改造现有工程、适当开展调水工程，结合合理的区域产业结构调整、积极推行水价制度改革，再加以大力推广先进节水技术、着力提高全民忧患节水意识，未来我国水资源安全完全能够得到保障。

根据水资源综合规划及相关规划，2030年我国北方地区超采的地下水将基本得到退减，被挤占的生态环境用水也将全部退还，水量及水质问题都将得到很大程度上的解决。虽然因为水资源时空分布不均，水污染严重，管理还有待完善，中国还存在着各种类型的缺水问题，但总体而言，只要我们布局得当、管理得当，中国的水量在总体上是够用的，是可以支撑我国社会经济健康发展的。

彩图3是2030年中国当地水资源开发利用率分布图。显然，采取调水、优化配置等一系列有效措施，原来水资源开发利用过度的海河地区、西北内陆地区的当地水资源开发利用率已经比现状有明显下降，水资源供需矛盾有所缓解。

六、中国城市水资源需求保障

中国正处于迅猛的城市化过程中，人口大规模地向城市集中，对城市供水形成巨大压力。尤其是对于水资源开发利用程度已经很高的北方，水资源已被开发用于农业，如何保障速度很快、规模空前的城市化的供水，是严峻的挑战。

（一）城市发展格局

1. 城镇化进程

城镇化是人口持续地向城镇集聚的过程，是世界各国工业化过程中必然经历的历史阶段。城镇化是人类文明进步和社会经济发展的大趋势，是落后的农业国向现代化工业国转变的必由之路。

新中国成立初期，我国人口以农村人口为主，城镇人口所占比率很小，城镇化水平仅占 10%左右。改革开放以来，随着我国市场经济的发展及市场经济体制的确立，城镇化速度明显加快，城镇化程度日益提高。1980 年年底，我国城镇人口为 1.91 亿，城镇化水平为 19.4%，比新中国成立初期的 10.6%约增加 9 个百分点；到 2000 年年底，城镇人口剧增至 4.59 亿，城镇化水平达到 36.2%，比 1980 年约提高 17 个百分点；2011 年，城镇人口已达到 6.91 亿，城镇化水平首次超过了 50%（图 3.21）。

从 1978～2011 年，我国城市数量从 178 增至 658 个。目前我国已初步形成以大城市为中心、中小城市为骨干、小城镇为基础的多层次的大中小城市和小城镇协调发展的城镇体系。城镇之间的联系更加紧密，城镇密集地区逐步形成。与此同时，市政公用设施服务能力和供给能力增强。当前，世界城镇化水平已超过 50%，发达国家已经实现了城镇化，城镇人口占总人口的比例都在 70%以上，有的国家已经超过了 90%。

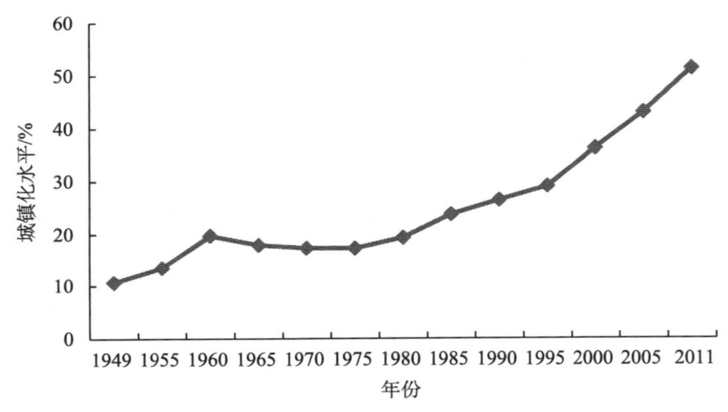

图 3.21　中国历年城镇化水平

2. 未来城市发展格局

我国未来致力于构建以“两横三纵”为主体的城市化战略格局。构建以陆桥通道、长江通道为两条横轴，以沿海、京哈京广、包昆通道为三条纵轴，以国家优化开发和重点开发的城市化地区为主要支撑，以轴线上其他城市化地区为重要组成的城市化战略格局。推进环渤海、长江三角洲、珠江三角洲地区的优化开发，形成 3 个特大城市群；推进哈长、江淮、海峡西岸、中原、长江中游、北部湾、成渝、关中-天水等地区的重点开发，形成若干新的大城市群和区域性的城市群（国务院，2010）。

2013 年年底，中央城镇化工作会议在北京举行。会议指出，城镇化是现代化的必由之路。推进城镇化是解决农业、农村、农民问题的重要途径，是推动区域协调发展的有力支撑，是扩大内需和促进产业升级的重要抓手，对全面建成小康社会、加快推进社会主义现代化具有重大现实意义和深远历史意义。改革开放以来，我国城镇化进程明显加快，取得显著进展。预计到 2020 年，城镇人口达到 7.1 亿，城镇化水平基本达到世界平均水平。

（二）城市供水现状分析

2010年，全国城市建成区总用水量825亿m^3，其中，居民生活用水176亿m^3，公共用水97亿m^3，工业用水524亿m^3，生态环境用水28亿m^3（国家统计局城市社会经济调查司，2011）。

目前，关于我国城市缺水的说法不一，多为定性阐述，较为常见的说法是中国有400多座城市缺水、200多座城市严重缺水。

根据全国水资源综合规划，全国有各种供水问题的城市470个（表3.20）。其中，存在超采浅层地下水的城市有111个，采用不可持续的深层地下水的城市有61个，存在挤占生态用水问题的城市有193个，存在供水不足问题的城市有402个。

但这些城市是否真缺水还要打个问号。因为所谓402个供水不足的城市，是根据城市需水量大于实际供水量来判断的，而这种判断方法不管是在逻辑上还是在操作技术上都可能存在问题。首先，需水量的估计往往偏大。需水量往往根据用户规模和用水定额相乘来估计，而不是按照经济学理论估计一定价格水平下的供需平衡时、有支付能力的有效需水量（贾绍凤和康德勇，2000b）；其次，在估计出较大的需水量后，没有根据新的需水量计算工程可供水量（工程可供水量是来水、需水和工程设计能力三者的函数，需水量越大，工程可供水量也越大），而直接用需水量与实际供水量相比较，必然夸大缺水。

另外，对于开采利用层压水的城市，不能简单地认为是不可持续而有问题的，因为有些层压水也有较稳定的补给来源，是可持续利用的。即使在自然条件下，深层承压水也有自流、甚至自喷溢出的。因此，只要开采后水压没有明显降低，就可以判定可以持续开采利用。例如，深层层压水开采较多的长江三角洲地区，夏季开采水头下降，而冬季停止开采水头回升，就说明深层水也有很明显的补给量；同时，经过压采，长三角地区的深层水开采量已经从8亿m^3回落到6亿m^3以下，而且经过地下水回灌，上海市已经基本保持了地下水水位的稳定和地面沉降不恶化（郭坤一等，2005）。

显然，是否缺水的判断与缺水的标准有关。如果以江南的“水城”为参照，北方城市大都是缺水的；如果以是否可以低价而自由用水为标准，那么大部分城市都缺水。这样的缺水标准显然太低，而且对促进水资源的合理利用、解决真正的水资源紧缺问题也无益。

为了判断中国究竟有多少城市缺水，在此对城市缺水的标准和依据作一个简单的界定：在合理的保证率要求下（城市供水保证率95%），城市正常的需水因缺乏水量足够水质安全成本合理的水源没有得到满足，切实影响了正常的生活生产；或者，供水中有不可持续且不可替代的地下水超采或挤占必需的基本生态用水，只有符合这两条标准之一的城市才属于缺水性城市。

按这样的标准，不能把水量丰富、水质良好而因设施老化、管理不善而影响供水的城市定性为缺水城市；也不能把有可替代水源而超采地下水的城市定性为缺水城市；更不能简单地把人均水资源量少的城市定义为缺水城市。一方面人均水资源量只是资源背景，现实是否缺水要看实际的供求关系；另一方面人均水资源量的指标不适合评价城

表 3.20　根据水资源综合规划我国存在不同类型供水问题的城市名录

缺水城市类型	数目	城市名录
浅层地下水超采	111	北京、石家庄、辛集、藁城、晋州、新乐、鹿泉、唐山、遵化、迁安、武安、邢台、沙河、保定、涿州、定州、安国、高碑店、张家口、承德、三河、太原、大同、朔州、介休、运城、忻州、临汾、侯马、通辽、沈阳、鞍山、海城、锦州、营口、葫芦岛、兴城、南昌、济南、章丘、青岛、胶州、即墨、平度、胶南、莱西、淄博、烟台、龙口、莱阳、莱州、蓬莱、招远、栖霞、海阳、潍坊、青州、诸城、寿光、安丘、高密、昌邑、济宁、曲阜、兖州、邹城、泰安、临清、郑州、巩义、洛阳、偃师、平顶山、舞钢、汝州、安阳、林州、鹤壁、新乡、辉县、焦作、沁阳、孟州、濮阳、许昌、禹州、长葛、漯河、商丘、永城、济源、北海、宝鸡、咸阳、嘉峪关、武威、张掖、酒泉、玉门、敦煌、乌鲁木齐、吐鲁番、哈密、昌吉、阜康、伊宁、奎屯、塔城、乌苏、石河子、五家渠
深层地下水开发利用	61	天津、邯郸、南宫、沧州、泊头、任丘、黄骅、河间、廊坊、霸州、衡水、冀州、深州、营口、盘锦、四平、公主岭、松原、白城、齐齐哈尔、大庆、绥化、上海、无锡、常州、苏州、常熟、张家港、昆山、太仓、镇江、嘉兴、阜阳、宿州、亳州、淄博、东营、潍坊、济宁、德州、乐陵、禹城、聊城、滨州、菏泽、郑州、荥阳、新郑、开封、许昌、漯河、商丘、周口、项城、湛江、西安、咸阳、渭南、榆林、银川、灵武
挤占生态环境用水	193	北京、天津、石家庄、唐山、遵化、秦皇岛、邯郸、武安、邢台、保定、沧州、泊头、黄骅、河间、太原、古交、大同、阳泉、晋城、高平、朔州、晋中、介休、永济、河津、忻州、原平、临汾、吕梁、孝义、汾阳、霍林郭勒、呼伦贝尔、满洲里、牙克石、扎兰屯、沈阳、大连、瓦房店、普兰店、庄河、鞍山、抚顺、本溪、东港、营口、阜新、辽阳、盘锦、铁岭、调兵山、葫芦岛、四平、公主岭、辽源、松原、哈尔滨、尚志、齐齐哈尔、鸡西、鹤岗、双鸭山、大庆、伊春、佳木斯、富锦、七台河、牡丹江、海林、宁安、穆棱、北安、五大连池、绥化、肇东、海伦、徐州、邳州、连云港、淮安、宿迁、蚌埠、淮南、淮北、明光、阜阳、界首、宿州、六安、亳州、济南、章丘、青岛、胶州、即墨、平度、胶南、莱西、淄博、枣庄、滕州、东营、烟台、龙口、莱阳、莱州、蓬莱、招远、栖霞、潍坊、青州、诸城、寿光、安丘、高密、昌邑、曲阜、泰安、新泰、肥城、威海、文登、荣成、乳山、日照、莱芜、临沂、德州、滨州、菏泽、郑州、巩义、新密、登封、开封、平顶山、舞钢、汝州、安阳、林州、鹤壁、新乡、卫辉、辉县、焦作、濮阳、许昌、禹州、漯河、三门峡、义马、灵宝、商丘、信阳、周口、驻马店、西安、铜川、宝鸡、渭南、韩城、延安、榆林、嘉峪关、金昌、天水、武威、张掖、平凉、酒泉、玉门、敦煌、庆阳、乌鲁木齐、克拉玛依、吐鲁番、哈密、昌吉、阜康、博乐、库尔勒、阿克苏、阿图什、喀什、和田、伊宁、奎屯、塔城、乌苏、石河子、阿拉尔、图木舒克、五家渠

续表

缺水城市类型	数目	城市名录
供水不足	401	北京、天津、石家庄、辛集、藁城、晋州、新乐、鹿泉、唐山、遵化、迁安、秦皇岛、邯郸、武安、邢台、南宫、沙河、保定、涿州、定州、高碑店、张家口、承德、沧州、泊头、任丘、黄骅、河间、衡水、冀州、深州、古交、大同、长治、晋城、高平、介休、运城、永济、河津、忻州、原平、临汾、吕梁、孝义、汾阳、呼和浩特、乌海、赤峰、霍林郭勒、鄂尔多斯、呼伦贝尔、牙克石、扎兰屯、根河、巴彦淖尔、乌兰察布、丰镇、阿尔山、新民、大连、瓦房店、普兰店、鞍山、海城、抚顺、本溪、丹东、东港、凤城、锦州、营口、盖州、大石桥、阜新、辽阳、盘锦、调兵山、开原、北票、凌源、葫芦岛、兴城、磐石、双辽、辽源、通化、白山、白城、图们、哈尔滨、双城、尚志、五常、齐齐哈尔、鸡西、虎林、鹤岗、双鸭山、大庆、伊春、铁力、佳木斯、富锦、七台河、牡丹江、绥芬河、海林、宁安、黑河、北安、绥化、安达、肇东、海伦、上海、无锡、宜兴、徐州、新沂、邳州、吴江、太仓、连云港、淮安、扬州、仪征、高邮、镇江、泰州、宿迁、宁波、余姚、奉化、温州、瑞安、乐清、嘉兴、金华、兰溪、义乌、东阳、永康、衢州、江山、舟山、丽水、龙泉、芜湖、蚌埠、宿州、六安、亳州、池州、宣城、宁国、乐平、德兴、济南、章丘、胶州、即墨、平度、胶南、莱西、淄博、枣庄、滕州、东营、烟台、龙口、莱阳、莱州、蓬莱、招远、栖霞、海阳、潍坊、青州、诸城、寿光、安丘、高密、昌邑、济宁、邹城、泰安、新泰、肥城、威海、文登、荣成、乳山、日照、莱芜、临沂、德州、乐陵、禹城、聊城、临清、滨州、郑州、巩义、开封、洛阳、偃师、平顶山、汝州、安阳、林州、鹤壁、新乡、辉县、焦作、沁阳、孟州、濮阳、许昌、禹州、长葛、漯河、三门峡、义马、灵宝、南阳、邓州、永城、周口、项城、驻马店、济源、武汉、黄石、大冶、十堰、丹江口、宜昌、宜都、当阳、枝江、襄阳、老河口、枣阳、宜城、鄂州、荆门、钟祥、孝感、应城、安陆、汉川、荆州、石首、洪湖、松滋、黄冈、麻城、武穴、咸宁、赤壁、随州、广水、恩施、利川、仙桃、长沙、株洲、湘潭、衡阳、耒阳、常宁、汨罗、临湘、津市、张家界、益阳、沅江、资兴、永州、怀化、娄底、冷水江、涟源、广州、增城、从化、韶关、乐昌、南雄、深圳、珠海、汕头、佛山、江门、台山、开平、鹤山、恩平、湛江、廉江、雷州、吴川、茂名、高州、化州、信宜、肇庆、高要、四会、惠州、汕尾、陆丰、阳江、阳春、清远、英德、连州、东莞、中山、潮州、揭阳、普宁、罗定、贺州、海口、三亚、五指山、琼海、儋州、文昌、万宁、彭州、自贡、泸州、德阳、绵竹、绵阳、江油、广元、遂宁、内江、乐山、峨眉山、南充、阆中、眉山、宜宾、广安、华蓥、达州、万源、雅安、巴中、资阳、简阳、西昌、贵阳、清镇、六盘水、遵义、赤水、仁怀、安顺、铜仁、兴义、毕节、昆明、安宁、保山、昭通、普洱、楚雄、芒、铜川、宝鸡、兴平、韩城、华阴、延安、汉中、榆林、安康、商洛、敦煌、陇南、临夏、银川、灵武、石嘴山、吴忠、青铜峡、固原、中卫、乌鲁木齐、克拉玛依、吐鲁番、哈密、昌吉、奎屯、石河子

注：根据全国水资源综合规划成果整理

市，因为城市是人口聚集的、较小的局部区域，而人均水资源量只适合评价范围较大的区域。

还需注意的是城市缺水与行政区缺水的区别。因为真正的城市应该是指城市建成区和规划区，而现在所谓的城市缺水往往是指市政府所管辖的区域缺水，包含了比城区大得多的乡村，把乡村地区的缺水、尤其是农业缺水当成城市缺水，混淆了城市缺水与区域缺水的概念。

另外，城市缺水的判断还与时间节点有关。一个在获得新水源之前缺水的城市，在获得合适的水源之后，可能就不缺水了。我们更关注现状和未来，而不是以前的状况。

最合理的衡量城市是否缺水的标准，是城市实际拥有或可以经济获得的供水水源是否可以满足城市的用水需要：如果“是”，城市就不缺水；如果“不是”，城市就缺水。这里可以经济获得的水源，可以包括外调水源及海水淡化，但调水的成本不能太高。参照海水淡化的成本5元/t——经验证明城市用水可以承担这样高的成本，可以将原水价格（5元/t）作为是否可以经济获得的大致的供水成本标准。对南水北调而言，大致到海河南系的供水成本是有潜力承受的，而到海河北系则较为困难。

根据以上标准，我们可以排除表3.20中470个城市中的386个。表3.21给出了把这些城市排除在缺水城市名单之外的依据。归纳起来，排除的理由有几个类型：一是个别县级市已改为市辖区，具体有原属苏州市的吴江市已经改成苏州下辖的吴江区，广州市的增城市、从化市也已经改成区；二是虽然现有水源地不合格，但有近便的其他水源地可用，不能算作缺水城市，例如四川的泸州市，虽然五渡溪水源地水质不合格，但泸州段长江水质很好，可用长江水；三是南方多水地区原来的水质性缺水或供水保证率不高的城市，因为修建替代水源或增强应急调蓄能力而不再缺水，例如上海市在长江南岸修建平原水库，在长江水质好时蓄水，可以在上游来水被污染或咸潮入侵时保证供水；四是近些年水源地保护工作卓有成效，一些原来水源地被污染的城市，经过系统整治，水源地转为合格，例如青岛市崂山区用了两年时间，将水库上游38个村庄及部分农家宴排放的污水全部收集处理完毕，还拆除了部分农家宴私搭乱建的违章建筑，并要求保留的农家宴要配齐化粪池等排污设施，确保农家宴污水能够集中收集，保证了水源地安全；五是调整不合理的用水，解决缺水矛盾，例如，西北干旱区城市绿化用水在夏季占了城市供水的很大比重（比例高的接近50%），原来用水质很好的自来水作为绿化水源，既浪费了自来水，又造成了夏季自来水供不应求，可转用中水作为绿化水源，就很好地解决了这一矛盾，如新疆的吐鲁番、哈密等城市；六是一些原来的资源性缺水城市，已经修建了供水成本可以承受的外调水工程，城市供水有了较高保障，例如，南水北调工程偏南部的受水区的城市、辽宁省东水西调工程受益的辽中南和辽西北的城市、内蒙古受益于“引嫩济辽”的城市、陕西省受益于“引汉济渭”工程的城市、新疆受益于额尔齐斯河引水工程的城市。

在排除以上算不上缺水的城市之后，中国真正缺水的城市还有84个，其中严重缺水的城市有32个（表3.22）。严重缺水的判断依据是长期而言当地水源不足、外调水成本高、不会有供水成本较低的城市供水水源。严重缺水城市主要分布在海河流域，有19个；其次是黄河流域，有10个，其中山西省汾河流域占了8个；内流河流域2个（乌兰察布，金昌）；东北嫩江流域1个（霍林郭勒）；淮河流域1个（亳州）。

表 3.21　从缺水城市名单中排除的 386 个城市名单及依据

城市	判断依据
阿尔山	阿尔山境内水资源丰富，小城市用水不多
阿克苏	阿克苏河水量丰富、水质良好，从总用水量中给很少一部分就可以满足城市用水
阿拉尔	有阿克苏河和塔里木河过境，城市用水占总用水的比例很低。2011 年台州市援建阿拉尔市水厂扩建，可满足市区及所有团场 16 万人的用水需求
阿图什	阿图什地下水源为承压水，取水深度在 120～180m。自来水普及率 100%。规划以恰克玛克河上游水库作为新水源地，供水有保证
安康	汉江边，水量充足。通过水源地保护和应急水源地建设，可以提高供水保证率
安陆	汉江支流府河穿城而过。城乡共有 9 个自来水厂，其中地表水水源地 6 个，地下水 3 个，都达标徐家河水库备用
安宁	位于云南滇中。监测结果表明，2010 年至 2013 年 6 月，车木河水库饮用水源地水质为Ⅱ类水，已稳定达到水环境功能标准，水量充足
安丘	位于山东半岛，境内有几个水库水源地。南水北调作为最后保障
安顺	梭筛水库、夜郎湖水库和猫猫洞水库 3 处水源地。另外新场河水库、大洞口水库、庐坝水库和雨棚水库等 4 座骨干水源工程已进入全面提速建设阶段
安阳	水源有岳城水库和地下水，南水北调作后备。城市供水安全有保障
鞍山	大伙房输水工程竣工，2010 年鞍山告别缺水状况
巴彦淖尔	黄河边，水量足够。可建应急设施规避枯水和污染风险
巴中	渠江支流巴河，水量足够，水质满足要求
白山	浑江边，水量充足，水质良好
宝鸡	城市用水所占比重不大，有多个水库可作水源。引汉济渭后城市供水更有保障
保山	地下水供水能力 6 万 m^3/d，地表水北庙水库和大、小海坝水库可供水 16 万 m^3/d 以上，远期城区需水量 20 万 m^3/d，可以满足需要
北安	位于黑龙江北部，水资源丰富，城区 24 小时实时恒压供水
北票	2008 年 10 月 28 日启动实施“引白（白石水库）入北”工程，于 2010 年 12 月 1 日正式通水，实行了北票市 24 小时全天候供水
本溪	大伙房水库输水工程建成后城市供水有保证
毕节	有倒天河水库、利民水库水源地。另有（天生桥水电站）万峰湖库容 108 亿 m^3
滨州	有多个以黄河为水源的平原水库以及地下水水源地。南水北调可作最后保障
博乐	位于准噶尔盆地西部，城市用水占总用水比例低。博乐市供水能力 4.5 万 m^3/d，实际最高达 4.8 万 m^3/d.主要矛盾是绿化与生活争水。已规划修污水水库供应绿化，可缓解用水紧张状况
沧州	2013 年 12 月日产 2.5 万 t 海水淡化厂竣工，总供水能力达到 5.75 万 t/d，供水足够。如有需要还可以进一步发展海水淡化
昌吉	位于天山北麓。2013 年 7 月，第二水厂新增的 7 口水源井向全市增加供水约 50%，日供水能力达到 13.6 万 m^3，彻底解决夏季用水量增加导致市民吃水难问题。夏季绿化用水也可以用废水替代
昌邑	位于山东北部。南水北调作为最后保障

城市	判断依据
常宁	属于湖南衡阳，水资源丰富。从洋泉水库引水，不再缺水
常熟	用长江水
常州	水量充足，自来水可以放心喝
潮州	主要水源为韩江干流。根据粤东地区供水规划，即使在需水增加50%以上的情况下，2030年也可以满足用水要求
承德	滦河上游，水源较好
池州	有长江水可用
赤壁	有长江水可用
赤峰	锡伯河上游水源丰富，水质良好
赤水	赤水河，枯季缺水，上游污染。增建调蓄能力，既可需水到枯季，也可在遇到污染事件时备用
楚雄	九龙甸、西静河、团山、尹家嘴4座水库为水源，并将从九龙甸、青山嘴引水到尹家嘴保证第二水厂水源。观音山水厂供水能力6万m^3/d，第二自来水厂5万m^3/d，日需水7.5万m^3/d
从化	有大型水库流溪河水库可以供水，且已改区
达州	渠江支流州河水质良好
大连	外调水缓解了供求矛盾，海水淡化大有前途
大庆	从嫩江、松花江引水
大石桥	大伙房水库输水工程供水
大冶	日供水能力21万t，实际供水量才7.4万t/d，富余很多
丹东	鸭绿江边，水很丰富
丹江口	丹江口水库是南水北调水源地，更应能满足当地要求
儋州	位于海南丰水区。春江、红洋两个水库和新州与新英两个地下水共4个集中式饮用水水源地，水源足够
当阳	巩河水库总库容17300万m^3，是当阳市的饮用水源地，目前每日向城区及部分乡镇供水只有近4万m^3
德兴	位于江西，水资源丰富。饮用水源地水质已达标
德阳	西郊水厂（地下水）超标项目为锰。锰超标可以处理，或者改用其他水源。当地水资源较丰富
德州	南水北调可作最后保障
灯塔	野老滩水源地，水质良好
登封	南水北调受水区
邓州	临近丹江口水库
东港	鸭绿江边，水很丰富
东莞	以东江水源为主，境内水源、西江水源等为辅的水资源保障格局，江库联调，大市区供水一张网
东阳	水源充足，给义乌供水
东营	多修平原水库，解决平原区不便调蓄的难题
敦煌	建设地下水源保护区和党河水库水源保护区。城市用水相比农业用水很少，可以保证
峨眉山	水源水质已达标

续表

城市	判断依据
鄂州	有长江水可用
恩平	位于粤西难，有锦江、凤子山水库、锦江水库水源，水源足够
恩施	水源地大龙潭水库曾出现水华，2013 年实施了水质达标工程。还有清江水可用
凤城	位于辽东鸭绿江流域，水资源丰富，水质良好
奉化	位于浙东，水资源丰富，城市供水足够
佛山	北江、西江双水源供水
抚顺	建成了大伙房水库输水工程
阜康	2009 年第二水厂建成，城市供水保障能力达到 2 万 m^3/d，供水普及率达到 90%；2012 年建设阜康产业园扬水工程，供水能力为每年 5000 万 m^3，城市供水充足
阜新	闹德海、王府、伊吗图等水库水源。以前经常停水。2013 年日供水能力达 35 万 m^3。正建辽西北供水工程，从辽东调水 16 亿 m^3，给沈阳北部、阜新、铁岭、朝阳供水。资源枯竭，人口减少，供水压力减小
阜阳	茨淮新河水源有时污染，现在自来水 106 项检测指标全部合格
富锦	位于松花江畔
盖州	大伙房水库输水工程建成通水
高密	当地水基本够用，南水北调作为预备
高平	沁河边，张峰水库建成后供水有保证
高要	有西江，有水库，联合利用
高邮	水量充足，水质良好
高州	有大（一）型水库高州水库
根河	根河境内河流众多，全市水资源总量达到 39 亿 m^3
巩义	当地水源丰富，且南水北调经过
广安	渠江水源达标
广水	共有集中式饮用水水源地 13 处。2010 年从飞沙河水厂修建管道与应山城区二水厂连接，保障应山城区居民用水；从高峰寺水库修建管道与广水城区供水管网连接，保障广水城区居民用水
广元	嘉陵江水源配地下水应急井，有保障
广州	东江、北江、西江多水源
哈尔滨	松花江畔，通常水质良好
哈密	城市用水占总用水的比例很低。榆树沟水库为水源。绿化灌溉影响市民用水。只要 5～8 月绿化高峰期一到，出现用水高峰期，绿化用水占 40%。用自来水绿化是极大浪费，应改用中水灌溉
海城	大伙房水库输水工程建成
海口	饮用水源地已 100%达标
海林	水资源丰富，水质良好
海伦	东方红水库水源足够
海阳	当地水资源较丰富。可用南水北调水，还可海水淡化
韩城	可用黄河水

续表

城市	判断依据
汉川	新建3.5万t/d自来水厂保障城区用水
汉中	可用汉江水
和田	城市供水能力由1986年的3000m^3/d，发展到2008年4万m^3/d；二水厂近期供水能力为2万m^3/d，远期为4万m^3/d。一水厂2013年扩建，增加供水能力2万m^3/d，两个水厂总供水能力达到8万m^3/d，有富余
河津	黄河边，也有取水权，不缺水
菏泽	可用黄河水，也是南水北调受水区
贺州	贺江被污染，龟石水库也被污染。修建江华河路华水库第二水源地
鹤壁	当地水源基本够用，还有南水北调作为最后保障
鹤岗	人均水资源2000m^3/人以上，且距松花江、黑龙江均不远，有很好的供水条件
鹤山	有西江和水库两种水源配合
黑河	位于黑龙江畔
衡阳	可用湘江水
洪湖	可用长江水
呼伦贝尔	水资源开发利用率低于1%，城市用水有保障
葫芦岛	青山水库将解决葫芦岛市的缺水问题，还可海水淡化
虎林	人均占有水量6600m^3，位于河边，且近兴凯湖，小城市所需要的水很容易满足
华阴	当地水源条件较好，还可利用引汉济渭的水
华蓥	渠江清溪口水源地水质达标
化州	位于高州水库下游，水量足够，水质达标
怀化	可用沅江水
淮安	水源地达标，自来水水质安全可靠
黄冈	可用长江水
黄石	可用长江水
辉县	当地城市水源条件好，且为南水北调受水区
惠州	有东江，有水库
即墨	南水北调后更有保证，还可发展海水淡化
济南	黄河畔，南水北调后更有保证
济宁	南水北调受水区，调水成本可以承受
济源	克井镇水资源充裕，是济源市城市用水水源地，水质好。临黄河
佳木斯	松花江畔
嘉兴	实施自来水安全保障工程，水质达标
嘉峪关	嘉峪关水源地和北大河水源地两大饮用水水源地水质良好。2013年水厂能力6.2万m^3/d，还在扩建，供水人口只有20万，将来人口也不会增加很多，供水可以满足
简阳	可用沱江水
江山	多个水库，水质良好

续表

城市	判断依据
江油	涪江、平通河双水源
胶南	南水北调后更有保证，还可发展海水淡化
胶州	南水北调后更有保证，还可发展海水淡化
焦作	目前用地下水，安全有保障；未来可用南水北调水
揭阳	主要水源为榕江及榕江北河，但水质污染，为此从韩江引水。根据粤东地区供水规划，即使在需水增加50%以上的情况下，2030年也可以满足用水要求
介休	有城区水源地、洪山泉水源地和兴地河水源地。地表水利用率还较低，可以增强调蓄能力
金华	金华自来水水质超好放心喝!
津市	从澧水取水，有时河水被污染（洞庭湖倒灌），完全可用储蓄水办法解决
锦州	绥丰、博字、大凌河三个集中式饮用水源地水质好于国家标准。日供水能力36.6万m^3，供水人口八十余万，供水普及率100%，水质综合合格率100%。华润水源置换工程增加供水能力7万m^3/d
晋城	沁河边，张峰水库建成后供水有保证
晋中	到“十一五”末，全市供水能力实现7.1亿m^3的目标，从根本上缓解了水资源短缺的问题
荆门	可用长江水
荆州	可用长江水
酒泉	第一水厂开采地下水，又新建南石滩饮用水源地，城市供水有保证
开封	黄河边，南水北调受水区
克拉玛依	引额济乌后城市供水有保证
库尔勒	水源地位于开都河中下游冲积平原区，水质达标，还有开都河、孔雀河可利用
奎屯	地下水水源地，3个水厂总供水能力为7.5万m^3/d。还有自备水源。供应充足
昆明	松华坝、云龙、牛栏江、清水海水源。昆明主要水源地水质优良
昆山	可用长江水
莱芜	山区水库为水源，水质很好
莱西	饮用水源地产芝水库水质达标
莱阳	沐浴水库水质好
莱州	为南水北调受水区，可海水淡化
兰溪	兰江畔，水质好
阆中	嘉陵江畔
老河口	汉江畔
乐陵	用黄河水，实现城乡供水一体化
乐平	共产主义水库为水源，水量足够，水质达标
乐清	楠溪江引水后，水源有保证
乐山	大渡河、岷江边
雷州	水源除用西湖水库水，可考虑南渡河水，以及与东吴、滨洋、恭坑和西湖等水库联合调度，提高供水能力
耒阳	湘江畔

续表

城市	判断依据
冷水江	2006年修建了距冷水江市中心十多千米、远离大型工矿企业污染的资江球溪河段引水工程
丽水	水源地水质良好，供水水质达标
利川	实施城区饮用水源地环境保护治理工程，城区十多万人的饮水安全有了保障，长期困扰市民的饮用水难题将迎刃而解
连云港	以前水质差。现在可以利用南水北调，还可海水淡化
连州	位于小北江边，水量充足，水质达标
涟源	城区水厂取自涟水支流新涟河，需规避工厂排污风险。将大江口水库作为涟源城区今后战略备用水源加以保护
廉江	鹤地水库水源充足
辽阳	大伙房水库输水工程建成
辽源	杨木水库、大良水库、八一水库、龙头水库和聚龙潭水库五库联合调水，5座水厂联合供水
聊城	有南水北调工程托底
林州	水源有地下水、红旗渠。供水能力有富余
临清	南水北调受水区，供水成本有潜力承受
临夏	2011年太子山水源供水工程竣工，临夏市的供水能力不足、饮用水水质不达标问题成为历史
临湘	生活饮用水源为龙源水库，团湾水库为备用水源。且临长江
临沂	山区水库为水源，水质很好
灵宝	黄河边
灵武	临黄河
六安	水资源相对丰富，开发条件良好
龙口	当地水源基本够用，且为南水北调受水区，还可海水淡化
龙泉	位于浙江西南部，水资源丰富，水质良好
陇南	甘肃省水资源大市。钟楼滩水源地水源充足
娄底	涟水河水源有时被污染，另修了双江水库供水工程，白马水库作为水源，水源充足
泸州	五渡溪水源地超标项目为粪大肠菌群。但穿城而过的长江水质良好
陆丰	螺河为水源，还有陆丰水库等众多水库
鹿泉	有黄壁庄等众多山区水库
潞西	勐板河水库，水源足够
罗定	泷江（罗定江），金银河水库，水源充足
洛阳	洛阳市现有涧东、涧西和新区供水分公司三个水厂。涧东、涧西供水分公司负责洛河以北的城区供水，水源为地下水；新区供水分公司负责洛河以南的城区供水，以陆浑水库的地表水为主要水源，也有部分地下水水源。106个检测项目全部达标
漯河	城市生活用水取自澧河水和地下水，工业用水取自沙河水，因为沙河水质污染，只能达到地表水Ⅳ类标准，已不宜作为生活水源。已规划南水北调供水
麻城	浮桥河水库水质良好
满洲里	设计日供水3万m^3的二水源二期工程竣工后，将一举解决满洲里市城市缺水问题
茂名	河西水厂水源为工业引水渠、河东水厂水源为名湖水库和高州水库，水量充足，水质达标
眉山	黑龙滩水库水源地，岷江穿城而过

续表

城市	判断依据
孟州	位于黄河边
汨罗	汨罗江作为饮用水水源目前是安全的
绵阳	涪江为第一水源，锰矿污染事件后燕儿河水库建设为第二水源，互为备用
绵竹	城市供水水源地规划在城市东北部区域，在绵拱路与二环路外规划第二水源地。水质达标
明光	水源由易受污染的池河改为其山区支流南沙河流域的几个水库，有保证
牡丹江	牡丹江畔
穆棱	穆棱河畔
南昌	饮用水源地水质达标率为100%
南充	清泉寺超标项目为粪大肠菌群。但嘉陵江穿城而过，可加强水源地保护，修建应急设施，规避污染风险
南雄	瀑布水库为南雄市城区饮用水源地，水量水质满足要求
南阳	过去由山区水库供水，现在还可用南水北调水
内江	沱江边
宁安	牡丹江畔
宁波	干旱季节自来水水源不足。已修钦寸水库调水工程。还可海水淡化
宁国	山区水库供水，水量水质有保证
盘锦	大伙房水库输水工程建成
磐石	2012年建一座净水厂，2013年正式启用，现已基本解决缺水问题
彭州	水源地西河水库总氮超标。但当地水资源丰富，有湔江、青白江等河流
蓬莱	除了当地水资源，还有南水北调和海水淡化作为备选
平顶山	水质合格率达100%，限制自备井
平度	过去城区水源不足，以后可利用黄河水或南水北调水
平凉	养子寨、景家庄和南部山区3处地下水源地。泾河穿城而过
濮阳	黄河及南水北调
普洱	箐门口水库、纳贺水库、木乃河水库、大箐河水库为水源地，水源充足
普兰店	有时供水网压力不足。现在可以用大伙房水库的水
普宁	从榕江南河取水。根据粤东地区供水规划，即使在需水增加50%以上的情况下，2030年也可以满足用水要求
栖霞	龙门口水库等山区水库水质良好
齐齐哈尔	目前城市水源主要是地下水。嫩江可以作为水源
迁安	自来水厂2座，水源井9眼，日供水能力达到4.4万t，能够充分满足城区单位和居民全天24小时生产生活用水需求
秦皇岛	5座地表水厂、2个地下水水源地，设计日供水能力达39万m^3。还可发展海水淡化
沁阳	沁河及黄河
青岛	南水北调后更有保证，还可发展海水淡化
青铜峡	黄河边

城市	判断依据
青州	当地水源基本够用，且为南水北调受水区
清远	北江上游水量充足
清镇	红枫湖水源地，水量足够，水质达标
庆阳	主要水源地有3处，包括十里湾机井地下水源，巴家咀沟下机井地下水源及巴家咀水库地表水源。主要矛盾是汛期含沙量大，可通过修建清水储存水库来解决
琼海	水源地万泉河干流红星段达到国家生活饮用水水源地水质II类标准
衢州	水量足够，自来水水质检测100%达标
曲阜	南水北调南部受水区
仁怀	赤水河，枯季缺水，上游污染。可通过增强调蓄能力来解决
日照	日照水库大型水库，水质良好，还可发展海水淡化
荣成	山区水库，海水淡化（2003年建厂，日产5000t）
乳山	山区水库，还有地下水源地，将来可发展海水淡化
瑞安	市区自来水水质安全管理连续三年温州第一，江北水厂、江南水厂出厂水106项检测指标全部符合“新国标”
三门峡	黄河边
三亚	几个水库供水，水量水质有保证
沙河	太行山东麓山区平原交接地带，水资源条件优越
汕头	从韩江取水，已建地下水应急水源
汕尾	青年水库、公平水库、赤沙水库等，水源充足
商洛	丹江二龙山水库，水源充足
上海	上海采取多项保障措施确保供水水质全面达到国家标准
尚志	全市地表水人均占有量为4700m^3，水资源丰富
韶关	武江水源被上游湖南锑矿企业污染，现开辟南水水库第二水源，水质良好
深圳	“引东济深”工程
沈阳	资源少，地下水超采，河流水质差，属资源性和水质性缺水，但已建成大伙房输水工程，最终有望达到日供水210万t，占沈阳市最大供水量的80%以上
十堰	汉江边，丹江口水库之上
石首	长江边
石嘴山	黄河边
寿光	南水北调受水区
双城	水资源丰富，水质良好
双辽	新建二水厂，恒压供水，可以解决供水问题
朔州	城市扩大水面几十平方千米，说明有水给城市用
四会	有绥江，有水库
松原	第二松花江畔，水源有保证
松滋	长江边

续表

城市	判断依据
苏州	市区自来水厂的出厂水目前已达到直饮标准
绥芬河	五花山水库建成，可满足40万人口的用水需求，一举解决绥芬河几十年甚至上百年的缺水之忧
绥化	水资源丰富，城市供水有保证
随州	随城饮用水源地有两处，一处为先觉庙水库，为主水源地，正常日供水8万t；另一处为白云湖王福窑水源地，为补充水源地，正常日供水6万t
遂宁	涪江水源足够，增储水能力防突发事故
台山	具有饮用功能的水库水质基本上达到或优于Ⅲ类，但矢山水库和黄陂坑水库水质类别为Ⅳ类，主要污染项目为总磷。海边有海水淡化条件
太仓	长江边
泰安	山区水库水质好
泰州	用长江水
唐山	滦河流域水资源相对丰富，还可以海水淡化
滕州	虽然人均水资源只有三百多m^3，但地下水丰富，城市供水有保证
天水	2010年城市实际供水能力11.09万m^3/d，规划可供开发城市供水水源地有高桥头水库（日供3.5万m^3）、大石嘴水库（日供1.45万m^3）、上磨水库（日供1.41万m^3）、牛头河水库（日供7万m^3），黄家峡水库（日供1万m^3）、秦州白家河调水（日供3万m^3）、社棠水源地（日供3.8万m^3），总规划可供开发供水能力21.17万m^3/d，2020年实现。水源不缺
铁力	不仅水资源丰富，且水质好
通化	浑江边，不缺水
铜川	龙潭水库建成后，缺水大为缓解。水厂设计供水能力有富余
铜仁	鹭鸶岩水库、桐梓坳水库为水源。水源丰富
图们	图们江畔，水质良好
图木舒克	近期供水水源地为永安坝水库，远期以小海子水库作为水源地。水厂已在扩建。城市供水有保证
吐鲁番	“一碗泉”水源地，绿园小区地下水水源地。夏季塔尔郎渠水简单沉处理混合自来水供水。大水漫灌，园林绿化用水占到了城市用水量的50%以上。只要改用中水绿化，就可以减少用水高峰期一半城市用水
瓦房店	以前依靠唯一水源“松树水库”，管网老旧，分时低压供水。现在可以用大伙房水库的水
万宁	太阳河万宁水库水源充足
万源	洲河支流后河水源充足
威海	当地水源基本够用，且为南水北调受水区，还可海水淡化
潍坊	南水北调作为最后保障
卫辉	南水北调作为最后保障
渭南	离黄河不远
温州	温州自来水水质媲美欧美国家
文登	米山水库集中式饮用水源地和坤龙邢水库备用水源地，水质良好。如有需要可以发展海水淡化
乌海	黄河边，也有水权，不缺水

城市	判断依据
乌苏	地表水资源量为 $17.70\times10^8m^3$，人均水资源量 5000 多 m^3。一、二水厂水源地水质达标。两个水厂供水能力 3.2 万 m^3/d，实际供水 1.4 万 m^3/d，还有富余。自备井 1.5 万 m^3/d。奎屯河老龙口水电站可分水量约 4500 万 m^3/a。2025 年可供水量为 2734 万 m^3/a，高于需水量 2600 万 m^3/a
芜湖	位于长江边
吴川	位于广东湛江沿海地区，以鉴江为水源，加强水质保护工作。现鉴江中游有一自来水厂供市区，规划在鉴江河口工程完成后，新建自来水厂，供水规模在 30 万 m^3/d 以上
吴江	已改吴江区并入苏州，不单独统计
吴忠	金积水源地因地质原因锰、铁因子略有超标。可用黄河水
五常	人均占有量达 $4200m^3$，水资源丰富
五大连池	水资源丰富，水质良好，还是哈尔滨的水源地
五家渠	青格达湖地下水水源地设计供水能力 1240 万 m^3/a，实际用了不到 50%
五指山	太平水库水质良好
武安	太行山东麓山区平原交接地带，水资源条件优越
武汉	长江边，主要水源地都在标准之上
武威	石羊河流域缺水，但武威市区设计供水能力 13 万 m^3/d（其中凉州区 10 万 m^3/d），实际只供 4.28 万 m^3/d（市区 3.3 万 m^3/d）。能力大大富余
武穴	长江边，还有众多山区水库
舞钢	人均占有水量居河南省前列，还可用南水北调的水
西昌	邛海水源地，水量水质满足要求
仙桃	长江边
咸宁	13 个饮用水水源地，包括 2 个河流型饮用水水源地、6 个湖库型饮用水水源地和 5 个地下水型饮用水水源地。2012 年水源地水质达标率 100%
湘潭	湘江水源有时锰、铁、氨氮超标，开辟了株树桥水库第二水源。根本上应加快湘江污染治理，恢复供水功能
襄阳	饮用水水源地水质达标
孝感	饮用水源地由孝感沦河水源地变更为汉江汉川，水源地服务人口 40 万人，设计取水规模为每月 38 万 t，原沦河水源地为孝感市备用水源地，还有徐家河水库等好几座水库为下属县市供水，水源充足
新乐	市区供水能力 8 万 m^3/d，有富余。南水北调可作为后备水源
新密	李湾水库水源地水质良好。还可用南水北调的水
新民	可由大伙房水库供水
新泰	山区水库水质良好
新乡	小冀镇地下水水源地。拥有高村、孟营、新区三个制水厂，日设计供水能力 44 万 m^3，2009 年实际日供水 15 万 m^3 左右。水质合格率 100%，城市建成区供水普及率 100%。南水北调为最后保障
新沂	水源地达标，自来水水质符合标准
新郑	郭店水源地。南水北调受水区
信阳	山区水库供水，水质良好

续表

城市	判断依据
信宜	(引水口上移)引水工程设计供水能力为12万t/d，可满足城区50万人饮用水需求，和保证信宜城区今后30年的供水无忧
兴平	现有城市公共供水水源井7眼，日供水能力1.8万t，实际最高日供水量1万t，有富余
兴义	兴西湖为水源。黔东南水资源丰富，工程性缺水正通过兴建水利工程来缓解
宿迁	运河水源，水量足够，自来水水质达标
徐州	2013年实施刘湾水厂改扩建工程项目，并计划2014年6月开工建设市区第二地面水厂，建设骆马湖水源地，届时将实现双水源地供水，切实保障市民用水需求
许昌	以前有三处城市供水水源：本地地下水年均可采2879.44万m^3；地表水供水能力1550万m^3；区外地下水（简称南水源）年均可采量2555万m^3，总供水能力为6894.53万m^3/a。现在可以用南水北调的水
宣城	宣城水质提前达到“新国标”
牙克石	牙克石水资源富集充沛。根据城市总体规划，远期供水有保证
雅安	青衣江边。城市饮用水源地全部达到或好于Ⅲ类标准
烟台	门楼水库等当地水源水质良好。属于南水北调受水区，还可海水淡化
延安	有大型水库王瑶水库水源地，西河口地下水水源地，水源足够。但输水管能力只有5万t/d，已不能满足要求。启动了“引黄济延”工程
兖州	东郊水厂龙湾店基岩井水源地、西郊水源地水质达标。属于南水北调受水区
偃师	供水以地下水为主，水质达标。三座水厂供水能力达9.5万t/d，供水充足
扬州	扬州自来水水质优于国标
阳春	漠阳江上游水质良好
阳江	漠阳江污染，水源地水质全年平均为Ⅲ类。水库作为备用水源地
伊春	水资源丰富。饮用水源地水质达标率目标为100%
伊宁	位于伊犁河畔。水厂4座，供水能力11.3万t/d，饮用水质达标率100%
仪征	水量充足，水质良好
宜宾	岷江水源不达标。可以用长江水
宜昌	官庄水库、尚家河水库、西北口水库、天福庙水库、玄庙观水库等当地地表水水源地。还可用长江水
宜城	汉江穿境而过，汉江水源水质良好
宜都	水源地水质全部达标，满足饮用水源水质要求
宜兴	“引横入宜”工程，水质有保证
义马	先后建设了水厂一期、二期工程、工业供水管网工程。日供水能力由原来的3000t提高到13.3万t，彻底告别持续了二十多年的“用水难”
义乌	义乌自来水经过“五重门”，合格率达到100%
益阳	资水为水源，有时被污染。修水库蓄水备用
银川	有北郊水源地、南郊水源地、东郊水源地、南部水源地、南梁水源地、征沙水源地。还可用黄河水
英德	北江上游，水质良好

续表

城市	判断依据
荥阳	南水北调受水区。即将投产的罗栋水厂将为郑州市供水
营口	大伙房水库输水工程建成
应城	有大富水河水源地和水库水源地，水量水质均满足要求
永济	取用黄河水，不缺水
永康	位于分水岭地区，无大河，工程性缺水。将通过从磐安虬里水库引水来解决
永州	饮用水水源地水质达标
余姚	饮用水水源地达标，城市供水足够
禹城	引黄，平原水库蓄水，实现城乡供水一体化
禹州	原为水库和地下水供水，正建利用南水北调供水工程
玉门	河西林场水源地、昌马河水源涵养区以及保护区。全市农业用水仍占80%。石油资源枯竭，人口减少
沅江	临南洞庭，衔湘资沅澧，水质达标
运城	从缺水断流到河库绕城运城引水扩灌打造山西小江南
枣阳	现有北郊水库和刘桥水库两个水源地，石梯水库作为后备水源
枣庄	地下水水源，南水北调受水区
增城	可从西江调水。且已改区
扎兰屯	扎兰屯水资源丰富，开发利用率低
湛江	市区饮用水源地分地下水和地表水两种。地表水饮用水源是鹤地水库，经青年运河输送到赤坎水厂。水源水质符合要求
张家港	有长江可用
张家界	澧水。为避枯水和污染风险，可修水库蓄水备用
张家口	永定河上游，水源较好。南水源、北水源、吉家坊水源地，在张家口市，三大水源地日产水25万t的能力使得市民们饮水无忧，且张家口市是河北省饮用水水源充足、水质良好的城市之一
张掖	东郊水源地、滨河新区水厂，地下水丰富，足够市区供水。现有自来水厂2座，一水厂建于1978年，日供水能力2万m^3，现已改建为滨河新区供水加压泵站；二水厂建于1997年，建成日供水能力8万m^3，实际日均供水3.5万m^3，高峰期日供水4万m^3，有富余。当地近年节水显著，地下水位回升，使很多建筑受渍害，说明地下水可适当增加开采量
章丘	明水泉水水源地，垛庄水库为备用水源地。有引黄济青和南水北调水道穿过
长葛	佛耳岗、增福庙2个水库由灌溉转供城市
长沙	湘江水源有时锰、铁、氨氮超标。修建了株树桥水库引水工程，供水有保证
长治	长治市是山西水资源条件比较好的地区，位于漳河、沁河的源头，城市供水可保障
招远	城子水库、勾山水库和自来第四水厂是招远市的重点饮用水水源地，还有南水北调
昭通	渔洞水库，设计库容3.64亿m^3，水量足够，水质达标
肇庆	西江和水库两种水源
镇江	水量充足，水质良好
郑州	南水北调受水区

续表

城市	判断依据
枝江	可用长江水
中卫	可用黄河水
钟祥	汉江穿境而过，还有山区水库
舟山	大陆引水工程，让舟山告别缺水历史。还可以海水淡化
周口	水源主要是沙河水和地下水，水质不完全达标；计划用南水北调水源
珠海	珠海竹银水源工程2011年4月19日竣工，将大幅提高珠澳供水系统调咸蓄淡能力和水危机事件的处置能力，基本解决每年枯水期咸潮对珠澳两地的影响
株洲	可用湘江水。日供水能力125万m^3，足够
诸城	南水北调可作最后保障
驻马店	板桥水库供水，还有地下水水源，今后可以用南水北调水
庄河	大连的水源地，碧流河、英那河、朱隈子和转角楼四大水库
资兴	湘江上游，有大型水库东江水库，拟作为长株潭城市群的后备水源
资阳	沱江边
淄博	太河水库等水源地，南水北调受水区
自贡	烈士堰水厂进水口超标项目为总氮。但有沱江等多条河流可以利用
邹城	南水北调受水区
遵化	2020年总需水量1635.2万m^3/a（4.48万m^3/d），其中新增需水规模1040.25万m^3/a（2.85万m^3/d），在关闭城区自备井和利用原一水厂8眼机井供水321.2万m^3/a的基础上，新建11眼机井可新增1314万m^3/a的供水能力
遵义	南郊水库、北郊水库为市区水源地。2013年起开展骨干水源工程、引提灌工程和地下水（机井）利用工程"三大会战"，到2020年，从根本上解决全市工程性缺水问题

表3.22 中国真正缺水的城市名单

城市	判断依据	分布地区	缺水性质	是否严重缺水及理由
白城	供水保证率低	东北松花江流域	资源性缺水	否。在建"引嫩入白"工程
呼和浩特	经常断水，当地水资源不足	华北黄河流域	资源性缺水	否。从黄河引水
邯郸	水源有岳城水库和地下水，漳河上游污染，地下水超采	华北海河流域	资源性缺水和水质性缺水	否。位置靠南，南水北调成本还可承受
淮南	淮河水源水质没保障	华东淮河流域	水质性缺水	否。水源地保护工程，水质在逐步改善
安达	缺河流，地下水超采	东北松花江流域	资源性缺水	否。有几个大水库，离嫩江、松花江也不太远
中山	位于珠江口，但西江来水减少，上游污染，当地调蓄能力全省最差	华南珠江流域	水质性缺水	否。办法：取水点上移，增加当地调蓄能力

续表

城市	判断依据	分布地区	缺水性质	是否严重缺水及理由
汝州	采用浅层地下水，供水水源单一，受气候影响较大	淮河流域	工程与资源性缺水	否。打新井，并做好水源地保护
项城	地表水难调蓄，地下水超采	淮河流域	工程与资源性缺水	否。打新井，新建水厂
贵阳	主要饮用水源来自“两湖一库两河”，即红枫湖、百花湖、阿哈水库、南门河、南明河（花溪水库）。枯水季节水库没水，保证率不够	西南长江流域	季节性缺水	否。当地水资源总量丰富，可增强调蓄能力
黄骅	地下水超采，水质差	华北海河流域	资源性缺水和水质性缺水	否。海边小城，可以海水淡化
北海	禾塘、龙潭地下水源地，除pH因地质原因超标外，其他指标都达标。地表有牛尾岭水库水源地。洪潮江水库为后备	华南沿海	资源性、水质性缺水	否。海水淡化可以作为最后的选择
榆林	红石峡水库、尤家峁水库水源地。榆林主城区人口已达43万，按照人均最低标准计算，2013年榆林城区日需自来水量为6.5万m^3，而目前最大供水能力仅为4.5万m^3	西北黄河流域	资源性缺水	否。红石峡扩建新增3万m^3/d供水能力，新建西沙水厂新增7万m^3/d供水能力
乐昌	以武江为水源，有污染风险	华南珠江流域	水质性缺水	否。加强水源地保护
四平	经常停水	东北辽河流域	资源性缺水	否。将“引松入平”
通辽	停水，地下水超采	东北辽河流域	资源性缺水	否。已规划北水南调
乌鲁木齐	人均水资源500m^3/人以下，大城市供水需求大而集中	西北内陆河流域	资源性缺水	否。通过节约用水、中水回用、引额济乌，可以满足城市供水
西安	人均水资源量300m^3/人以下，城市规模大，曾发生水荒	西北黄河流域	资源性缺水	否。引汉济渭可以满足2030年需要
咸阳	人均水资源少，上游来水减少	西北黄河流域	资源性缺水	否。渭河、泾河过境，引汉济渭可以满足2030年需要
肇东	人均水资源量890m^3，缺河流，地下水超采	东北松花江流域	资源性缺水	否。近松花江
调兵山	市域面积小，地表水开发利用率只有14%但不便开发；地下水开发利用70%，但煤矿破坏地下水	东北辽河流域	资源性缺水	否。可从法库县调水

续表

城市	判断依据	分布地区	缺水性质	是否严重缺水及理由
公主岭	处于松辽分水岭，人均水资源 $500m^3$ 以下。城区水源包括地下水、二龙山水库、卡伦河水库	东北辽河流域	资源性缺水	否。可利用“引松入平”
江门	荷塘镇皮革、印染、化工等重污染行业众多，且位居西江水道，临近江门市区水源地，企业偷排与超标排放工业废水现象难以禁绝。2012年，荷塘镇环境问题发展成跨界污染事件，中山市曾多次向省里反映荷塘镇的废水废气污染问题。省环保厅和省监察厅挂牌督办	华南珠江流域	水质性缺水	否。可上移取水口，并修应急蓄水设施来解决污染时段的供水
开平	开平饮用水也曾依赖潭江，但在潭江水质恶化后，开平水厂于2011年完全停止从潭江取水，改从大沙河水库和镇海水库取水。但公告显示，2012年大沙河水库和镇海水库均出现了Ⅳ类水质，这是开平饮用水源首次超标	华南沿海	水质性缺水	否。可以通过加强水源地保护来解决
开原	河流污染，地下水污染，地下水超采	东北辽河流域	水质性缺水	否。可用铁岭市清河区清河水库的水。清河水库库容9.7亿 m^3
肥城	人均水资源 $299m^3$，无水库，地下水超采	淮河流域	资源性缺水	否。利用煤炭塌陷地修建平原水库蓄水，并人工补充地下水
淮北	人均水资源不足 $400m^3$，地下水超采	淮河流域	资源性缺水	否。利用煤炭塌陷地蓄水，人工补充地下水，增加可利用量
凌源	2009年水荒。位于辽西北，人均水少，开源潜力不大	东北辽河流域	资源性缺水	否。辽西北供水工程
邳州	水质没保证	华东淮河流域	水质性缺水	否。苏北南水北调成本不高
永城	平原区地表水水质差，以地下水为水源，但氟超标	淮河流域	水质性缺水	否。南水北调成本可以承受

续表

城市	判断依据	分布地区	缺水性质	是否严重缺水及理由
辛集	地下水超采	华北海河流域	资源性缺水	否。南水北调中线工程分配给辛集城区口门水量为15万 m^3/d
塔城	城市供水能力365万t/a。2013年供水改扩建二期工程，设计近期新增供水能力1.3万 m^3/d。自来水普及率88%，水压不足	西北内流河流域	资源性缺水	否。农业节水潜力大
兴城	定时分区分压供水	东北	资源性缺水	否。人口不多，可以海水淡化
三河	地下水超采，水质差	华北海河流域	资源性缺水和水质性缺水	否。山前，地下水相对丰富
邢台	地下水超采	华北海河流域	资源性缺水	否。山区水库多，还有南水北调
石家庄	地下水超采	华北海河流域	资源性缺水	否。山区水库和南水北调
蚌埠	水源水质没保障	华东淮河流域	水质性缺水	否。水源地保护工程改善了水源地水质
无锡	太湖水质没保证	华东长江流域	水质性缺水	否。水源地保护卓有成效
原平	地下水超采	华北黄河流域	资源性缺水	否。水资源条件是山西省较好的，有阳武河、滹沱河、同川多条河流
六盘水	中心城区饮用水源地为窑上水库、玉舍水库、龙贵地水库。门楼水库被污染。没大河，库容小，污染严重	西南长江和珠江流域	工程性缺水	否。提高蓄水能力
石河子	供水能力10万 m^3/d，除了夏季绿化用水引起供水紧张，一般能够满足。但地下水有超采	西北内流河流域	资源性缺水	否。通过自备井管控、节水、中水利用、结合外调水，可以满足城市供水
宿州	人均水资源多于 $500m^3$，没有合适的地表水源，地下水超采，供水不足	淮河流域	资源性缺水	否。西二铺-宿州城区-(向南)桃园地下水分布带；东二铺-东三铺-朱仙庄地下水分布带；符离集、鹤山-张庄地下岩溶水分布带，可供水55万 m^3/d 以上

续表

城市	判断依据	分布地区	缺水性质	是否严重缺水及理由
喀什	水资源总量177亿m^3，地表水117亿m^3，用了86.33亿m^3，地下水62亿m^3，开采3.73亿m^3。市区用水比重很小，但西城、东城、北城三个地下水水源地土地被挤占，地质性硫酸盐类物质超标	西北内流河流域	水质性缺水	否。相比水资源量城市用水很少，可以满足
阳泉	城乡不能24小时保证供给。娘子关泉为水源，距离远，扬程高（470m），成本高	华北黄河流域	资源性缺水	否。修建龙华河水库后备水源地
南宫	地下水超采	华北海河流域	资源性缺水	否。依傍城区的群英湖是冀南南水北调调蓄水库
忻州	经常水管没水，人均水资源不多	华北黄河流域	资源性缺水	否。以五台泉水为水源，修建坪上引水工程和云中水厂，供水能力由3万m^3/d提高到13万m^3/d
商丘	第四水厂承担着市区百分之七八十的供水任务，但目前其水源地水质严重超标，上游众多的围堰养殖、网箱养殖者投入的饲料导致水质富氧化	淮河流域	水质性缺水	否。引黄解决
文昌	文昌市7个主要集中式饮水水源地水质符合Ⅱ类水标准的占28.6%，符合Ⅲ类水标准的占14.3%，竹包水库水质状况优，下园水闸水质状况良，其余的水质均为轻度污染。水质长期超标，养鱼养鸡污染严重	华南沿海	水质性缺水	否。应通过加强水源地保护解决水质性缺水
双鸭山	地表缺控制工程，地下受煤影响	东北松花江流域	工程与资源性缺水	否。远期从松花江引水
界首	人均水资源490m^3，城市供水依靠地下水，超采且氟超标	淮河流域	资源性缺水	否。增辟地表水水源地，中水回用
铁岭	河流污染，地下水污染，地下水超采	东北辽河流域	资源性缺水	否。正建辽西北供水工程

续表

城市	判断依据	分布地区	缺水性质	是否严重缺水及理由
鸡西	人均水资源 450m^3，不临河，地下水超采	东北松花江流域	资源性缺水	否。正兴建兴凯湖调水工程
七台河	二期工程建成将极大缓解七台河市缺水状况	东北松花江流域	资源性缺水	否。正兴建兴凯湖调水工程
古交	汾河水库，以地下水为主。工业用水和城镇生活用水超过总用水量的 60%	华北黄河流域	资源性缺水	是。工业和城镇生活用水比重大，水权转换余地不大，调水成本高
金昌	金昌市供水处有效保障市区供水畅通水质安全。“引硫济金”工程已完工，规划“引大济西”工程	西北内流河流域	资源性缺水	是。“引大济西”只能缓解水供求矛盾，改变不了严重缺水的性质，必须控制需求
侯马	经常停水	华北黄河流域	资源性缺水	是。本地水缺乏，外调水成本高
孝义	人均水资源量只有一百多立方米	华北黄河流域	资源性缺水	是。本地水缺乏，外调水成本高
鄂尔多斯	经常停水	西北黄河流域	资源性缺水	是。当地缺水，引黄因扬程高而成本高
固原	彭堡地下水水源地，贺家湾水库、海子峡水库。枯水季节供水紧张	西北黄河流域	资源性缺水	是。当地水不足，黄河扬水成本高
临汾	从 1994 年总取水量顶峰时期的 9.80 亿 m^3 下降到 2009 年的 6.11 亿 m^3。但地下水仍超采	华北黄河流域	资源性缺水	是。当地水紧缺，外调水成本很高
太原	地下水水源主要来自兰村、枣沟、西张三给地区这 3 个地下水源地，这些地方的水全部是优质深层岩溶水，水质已达到了《天然饮用矿泉水》的要求；而地表水则是经呼延水厂处理后的引黄水，其水质也已达到新的《生活饮用水卫生标准》要求。引黄入晋供水成本太高，用不起	华北黄河流域	资源性缺水	是。当地水资源开发殆尽，引黄成本高
大同	当地水资源开发利用率 70% 左右。引黄入晋供水成本太高，用不起	华北黄河流域	资源性缺水	是。当地水资源贫乏，调水成本高

续表

城市	判断依据	分布地区	缺水性质	是否严重缺水及理由
乌兰察布	经常停水	华北内流河流域（黄旗海）	资源性缺水	是。地处干旱缺水区，外调水成本高
霍林郭勒	过度开发	东北嫩江水流域	资源性缺水	是。霍林河早已断流。靠节水来解决
泊头	地下水超采，水质差	华北海河流域	资源性缺水和水质性缺水	是。南水北调石津段过境，但供水成本高
河间	地下水超采，水质差	华北海河流域	资源性缺水和水质性缺水	是。人均水资源量 150m^3。开发利用程度高。外调水成本高
冀州	地下水超采，水质差	华北海河流域	资源性缺水和水质性缺水	是。人均水资源量仅为 130m^3
深州	地下水超采，水质差	华北海河流域	资源性缺水和水质性缺水	是。人均水资源量只有 100m^3；南水北调成本高
任丘	地下水超采，水质差	华北海河流域	资源性缺水和水质性缺水	是。人均水资源量只有 170m^3。水资源开发利用程度高（地下水占总供水的 90%），农业节水水平已较高，外调水成本高
汾阳	人均水少，地下水超采	华北黄河流域	资源性缺水	是。人均水资源量只有 230m^3，水资源开发利用程度高，外调水成本高
霸州	地下水超采，水质差	华北海河流域	资源性缺水和水质性缺水	是。人均水资源少，开发程度高
亳州	开发利用率高，水质没有保障	华东淮河流域	资源性、水质性缺水	是。人口稠密，平原河流污染严重
衡水	地下水超采，水质差	华北海河流域	资源性缺水和水质性缺水	是。市域人均用水量不足 200m^3，开发利用程度高，没有水库
廊坊	地下水超采，水质差	华北海河流域	资源性缺水和水质性缺水	是。市域人均用水量不足 200m^3，开发利用程度高，没有水库
吕梁	人均水资源少，地下水超采	华北黄河流域	资源性缺水	是。水资源少，开发不便，调水成本高
北京	地下水超采	华北海河流域	资源性缺水	是。虽有南水北调，但供水成本高，附加值低的行业承担不起

续表

城市	判断依据	分布地区	缺水性质	是否严重缺水及理由
安国	地下水超采	华北海河流域	资源性缺水	是。虽有南水北调，但供水成本高，附加值低的行业承担不起
保定	地下水超采	华北海河流域	资源性缺水	是。虽有南水北调，但供水成本高，附加值低的行业承担不起
定州	地下水超采	华北海河流域	资源性缺水	是。虽有南水北调，但供水成本高，附加值低的行业承担不起
高碑店	地下水超采	华北海河流域	资源性缺水	是。虽有南水北调，但供水成本高，附加值低的行业承担不起
藁城	地下水超采	华北海河流域	资源性缺水	是。虽有南水北调，但供水成本高，附加值低的行业承担不起
晋州	地下水超采	华北海河流域	资源性缺水	是。虽有南水北调，但供水成本高，附加值低的行业承担不起
涿州	地下水超采	华北海河流域	资源性缺水	是。虽有南水北调，但供水成本高，附加值低的行业承担不起
天津	地下水超采	华北海河流域	资源性缺水	是。虽有南水北调，海水淡化，但城市规模大，供水总偏紧
丰镇	经常停水	华北海河流域	资源性缺水	是。永定河支流洋河源头，干旱缺水

我国不同城市面临的供水问题不同。总体来说，南方地区水资源量丰富，满足城市用水需求问题不大，主要面临水质性缺水和季节性缺水困境，可以通过加强水源地保护、修建备用水源地、提高调蓄能力来解决；北方地区水资源量稀缺，不仅有水质性缺水危机，更多地出现资源性缺水问题。

如果仅从供水的角度来说，我国绝大部分的城市不存在缺水问题。因为在中国四大用水行业中，传统的供给顺序是优先供给生活，其次是工业，然后是农业，最后才是生态环境用水。生活用水特别是城市生活用水总是优先得到满足，且供水水质都有一定的保证。

（三）城市供水前景分析

随着我国社会经济发展和城镇化、工业化进程加快，水资源短缺与用水需求不断增长的矛盾日益突出。城镇供水安全和水环境仍面临十分严峻的挑战。到 2030 年，全国城镇化率将达到 70%以上，城镇供水人口将超过 11 亿，巨大的城市群、庞大的城市人口在世界上都是前所未有的。预测 2030 年，全国城镇用水需求将超过 1000 亿 m^3。规划的城镇供水量也达到 1100 亿 m^3，这其中包括了替代超采的地下水、挤占的生态用水的新的供水。这将不仅基本满足城镇发展的水资源需求，还可在提高城镇供水保障能力的同时，逐步退还目前超采的地下水和挤占的河道内生态环境用水。

城市缺水的重点地区之一：环渤海地区城市缺水问题。

环渤海地区地处海河流域、辽河流域、黄河流域下游和山东半岛、辽东半岛，覆盖河北省、山东省、辽宁省、北京市、天津市等省级行政区，包含辽中南、京津冀和山东半岛三个经济区，建制城市 71 个。该地区是中国水资源最紧张的地区，地下水超采、海水入侵等问题严重。

北京市、天津市水资源量为 300m^3/(年·人) 以下，山东省为 320m^3/(年·人)，河北省为 380m^3/(年·人)，均在 500m^3/(年·人) 的国际极度缺水指标以下，仅辽宁省稍高，为 860m^3/(年·人)，也在 1000m^3/(年·人) 的严重缺水指标以下。黄河断流、海河断流、辽河断流等河流断流现象比比皆是；地下水超采，地面沉降，海水入侵，地下水有遭受破坏不可恢复的危险；水量不足，水质更加堪忧，该地区平原水体几乎全部被污染，找不到一条纯净的河流，河湖湿地生态普遍遭到破坏。

2013 年南水北调东线建成通水，2014 年 9 月中线也要通水，将有效缓解北京、天津、山东、河北的用水矛盾，北京、天津和山东、河北的沿海城市都可以受益。同时，海水利用的广阔前景也可以为缓解环渤海地区城市的水资源紧缺状况作出贡献。目前先进的海水淡化技术和管理，已经可以把生产 1t 淡化水的成本降到 4.5 元/m^3 左右，已经可与常规水源的自来水供水成本竞争。未来随着技术的进一步进步，成本有望进一步降低。因此，成本不再高昂的海水淡化技术可以承担起沿海城市的淡水供应任务（贾绍凤，2009）。

城市缺水的重点地区之二：西北内陆城市缺水问题。

西北地区大约共包括 66 个城市，现状社会经济发展水平远低于东中部地区，但发展速度较快，未来 20 年 GDP 增长速率会领先于全国。

西北地区城市的资源环境承载能力差，水资源开发利用程度高，水资源总量不足，全区 67%的城市以地下水供水为主，地下水供水量占城市总供水量的比率接近 50%，超采问题突出。区域内控制性调蓄工程少，城市蓄水工程供水比例不高。

未来西北地区城市水资源安全主要依靠当地水资源合理配置和高效利用，强化节水，限制高耗水、高污染产业发展。渭河沿岸城市依靠“引江济渭”工程从长江调水，新疆天山北坡地区通过“引额供水”工程与艾比湖生态保护工程从额河与伊犁河调水缓解资源短缺形势，并退还挤占的河湖生态用水，保障生态安全。近期无规划外流域调水城市，在南水北调西线工程实施前，重点加强水资源优化配置，充分考虑水权转换等保障城市供水。

七、中国能源用水保障

能源用水，主要是火力发电用水，是工业用水的主要组成部分。随着中国经济的快速发展、人民收入水平的大幅度提高，能源需求必将进一步增长。于是，有很多人担心中国的能源用水没法保障，并因此影响中国的可持续发展。中国未来的能源用水到底有多大？可以满足吗？

（一）能源基地布局

能源资源是能源发展的基础。新中国成立以来，不断加大能源资源勘查力度，组织开展了多次资源评价。当前中国能源资源具有以下特点：能源和矿产资源比较丰富，品种齐全，但主要化石能源和重要矿产资源的人均占有量大大低于世界平均水平，难以满足现代化建设需要。能源和矿产资源主要分布在生态脆弱或生态功能重要的地区，并与主要消费地呈逆向分布。能源结构以煤为主，优质化石能源资源严重不足，新能源和可再生能源开发潜力巨大。能源和矿产资源的总量、分布、结构与满足消费需求、保护生态环境、应对气候变化之间矛盾突出。

2011 年，我国能源生产总量 317987 万 t 标准煤，其中原煤产量占能源生产总量的比重达 77.8%，原油占比为 9.1%，天然气占比 4.3%，水电、核电及风电等占比 8.8%；我国能源消费总量 348002 万 t 标准煤，其中煤炭占能源消费总量的 68.4%，石油占比 18.6%，天然气占比 5.0%，水电、核电及风电等占比 8.0%。

未来我国将重点在能源资源富集的山西、鄂尔多斯盆地、西南、东北和新疆等地区建设能源基地，在能源消费负荷中心建设核电基地，形成以“五片一带”为主体，点状分布的新能源基地为补充的能源开发布局框架（国务院，2010）。

黄河中上游地区覆盖山西、陕西、鄂尔多斯及宁东、陇东等数个连片的能源基地，煤炭资源储量丰富，主要包括晋北煤炭基地、晋中煤炭基地、晋东煤炭基地、陕北能源化工煤炭基地、黄陇煤炭基地、神东煤炭基地、鄂尔多斯能源基地、宁东煤炭基地及陇东能源化工基地。该地区能源供给量将占全国总能源供给的 70%左右，是我国能源基地开发建设的重点地区。

（二）黄河中上游地区能源基地供水保障

鉴于水资源量丰富的南方地区的能源生产用水需求容易得到保障，沿海地区的能源发展用水需求也能通过扩大海水利用得到满足，加之黄河中上游地区能源保有储量在全国的绝对重要地位，未来能源用水矛盾的焦点将是黄河中上游地区。

我国陆地上大兴安岭-太行山-武陵山以东的东部地区的煤炭、石油、天然气已经基本开发殆尽，海洋石油、天然气虽有探明和开采，但其供给潜力相对于我国巨大的能量需求而言只是杯水车薪。与此形成鲜明对比的是：西北地区煤炭资源储量约 4 万亿 t，约占全国煤炭资源总量的 75%左右，探明煤炭储量约占全国的 80%左右，其中内蒙古的煤炭探明储量达 7323 亿 t，居全国第一。除了煤炭资源，西北地区的石油、天然气以及风能、太阳能、水电资源也十分丰富。无可否认，西北地区以及山西省的能源资源将是我国未来几十年能源供给的别无选择的主要来源。为了保证我国的能源安全，大规模开发西北地区的能源资源是必然选择。因此，西北地区的大规模能源开发，不仅是西北地区能源资源优势的发挥，也是全国能源安全的战略要求。

但是该地区人均水资源量是除了海河流域之外最低的地区，人均水资源量只有

$500m^3$，且水资源开发利用程度已经超过50%，黄河流域分配给当地的耗水指标已基本用完，用水指标已基本被农业灌溉所占用。黄河中上游地区将是未来30年水资源供需矛盾比华北地区更尖锐的地区。

(1) 从流域来看，西北地区主要属于黄河流域中上游地区以及西北内流区。虽然西北地区的人均水资源量比海河流域要高，但黄河中上游地区是我国人均水资源量第二少的地区，山西省黄河流域人均水资源量只有$340m^3$，陕西关中地区只有$360m^3$，宁夏算上分配的黄河客水也只有$600m^3$，内蒙古鄂尔多斯市不足$1000m^3$，甘肃省不足全国平均的一半。

(2) 同时，由于西北地区地处干旱半干旱地区，因此社会经济发展对水的依赖性更大、人均需水量更多。

(3) 值得注意的是：地处东部沿海的海河流域已经越过了用水高峰。由于节水技术的推广，尤其是产业结构的调整，海河流域农业用水量、工业用水量和总用水量都已处于下降过程。而西北地区由于所处发展阶段的不同，用水量还将有一段上升的过程，尤其是火力发电、煤化工等重工业的发展，将需要较多的水资源。

(4) 正在修建的南水北调东、中线工程通水在即，而且东部沿海地区可以利用海水代替一部分淡水资源，因此海河流域的水资源紧张局势将得到很大缓解。因此，比起所谓水资源最紧缺的海河流域，西北地区的供需矛盾将表现出完全不同的态势。西北地区的水资源供需矛盾在未来一段时期会比海河流域更为紧张。

因此，很多人担心黄河中上游地区能源基地建设会因缺水而难以为继。因能源开发可能会耗竭当地水资源是有一些理由的（Huang，2009；Grenpeace，2012）。绿色和平组织预测黄河中上游地区煤炭基地用水会达到100亿m^3，认为黄河流域不可能提供这么多水（Grenpeace，2012）。

但实际情况究竟如何？黄河中上游能源基地建设是否有足够的水资源保障？

2011年黄河中上游地区人口约9250万，工业增加值21667亿元，其中火（核）电工业增加值204.7亿元，火（核）电装机2460万kW，粮食产量1746万t。总用水量333.9亿m^3，其中农业用水246.8亿m^3，工业用水46.7亿m^3，火（核）电用水6.5亿m^3。火（核）电用水以循环冷却用水为主（占85%左右）。

黄河中上游地区用水需求量大，水资源供需矛盾突出，能否保证该地区的能源基地供水，将影响到我国社会经济发展进程。黄河中上游地区未来总需水量呈持续增长态势。根据预测，2030年该地区的需水量将达到420亿m^3左右，其中工业用水100亿m^3，火（核）电用水需求15亿m^3。2030年黄河中上游地区的地表水可供水量310亿m^3，地下水可供水量约85亿m^3，再通过调水和非常规水源利用，能源用水需求基本能够得到满足。尤其是火（核）电用水总量不多，在总用水量中所占比例很小，可以通过农业节水、水权转换以及适当调水等方式来解决。

黄河流域用水水平和用水效率与全国先进地区相比，用水管理与用水技术仍相对落后，用水效率指标尚有较大差距。由于部分灌区渠系老化失修、工程配套较差、灌水技术落后及用水管理粗放等原因，造成了灌区大水漫灌、浪费水严重。工业用水重复利用率只有60%左右，与世界先进水平的85%～90%相比差距较大。水资源无偿使用和水价严重背离成本也是造成水浪费现象的重要原因。目前，流域内大部分自流灌区水价低于成本价，尤其是下游引黄渠首平均水价不到成本水价的一半。黄河中上游地区农业用水量占总用水量的75%，通过大力发展高效节水农业，提高用水水平与效率，未来该地区农业节水潜力巨大，置换出来的部分水量可用于能源发展；若南水北调西线工程能够顺利实施，该地区的能源用水需求将进一步得到保障。

总之，黄河中上游地区虽然能源基地建设的水资源短缺问题突出，但火(核)电用水量并不大，现状只有6.5亿m^3，到2030年也只有15亿m^3，即使加上煤化工的需水，总量也不大，是可以通过农业节水、水权转换的方式来满足的，还可以相机建设南水北调西线工程。

八、中国粮食生产水资源需求保障

粮田灌溉是用水的第一大户。灌溉用水的保障关乎国家乃至世界粮食安全。随着中国人口的增加、生活水平的提高，粮食需要不断增加。但灌溉用水却受到城市生活生产用水的挤压，呈减少趋势。有人形容粮食需求增加和灌溉用水减少的矛盾就如张开的剪子：一个向上而行，一个向下而行，渐行渐远。中国未来的粮食生产是否有足够的水资源保障？

（一）粮食生产状况

1. 现状

新中国成立以来，党和政府高度重视粮食生产，采取一系列政策措施，不断深化农村改革，加强农业基础设施建设，加快新品种和新技术推广，调动农民生产积极性，着力提高粮食生产能力。粮食产量从1949年的1132亿kg增加到2013年的6019亿kg，实现了由长期短缺向供求基本平衡的历史性跨越，成功地解决了十几亿人口的吃饭问题，为我国社会经济发展奠定了坚实的物质基础，也为世界粮食安全做出了重大贡献。

目前粮食生产能力稳定在5500亿kg以上的水平，实现了粮食供求基本平衡，满足了日益增长的消费需求，为社会经济发展和深化改革奠定了物质基础。目前北方地区播种面积占全国总播种面积的55%，产量占全国粮食总产量的52.5%，形成了“北粮南运”的流通格局。

2. 发展需求

根据《全国新增1000亿斤粮食生产能力规划》（2009～2020年），预计到2015年，全国粮食生产能力达到5300亿kg以上，比现有能力增加300亿kg。到2020年全国粮食生产能力实现5500亿kg以上，比现有能力增加500亿kg。这一规划目前已经提前实现，2011年、2012年、2013年全国的粮食总产量分别是5712亿kg、5896亿kg、6019亿kg，稳定保持在规划2020年将实现的目标之上。2030年中国高峰人口将达到14.5亿（张翼，2005），按人均每年400kg的粮食安全标准来计算，根据粮食自给的国策，到2030年中国将需要生产粮食5800亿kg，即使把人均粮食安全标准提高到420kg，14.5亿人需要6090亿kg粮食，与2013年中国的粮食产量6019亿kg接近。这意味着中国目前粮食生产水平已基本能够满足2030年粮食安全需要。

3. 未来格局

构建以东北平原、黄淮海平原、长江流域、汾渭平原、河套灌区、华南和甘肃新疆等农产品主产区为主体，以基本农田为基础，以其他农业地区为重要组成的农业战略格局。东北平原农产品主产区，要建设优质水稻、专用玉米、大豆和畜产品产业带；黄淮海平原农产品主产区，要建设优质专用小麦、优质棉花、专用玉米、大豆和畜产品产业带；长江流域农产品主产区，要建设优质水稻、优质专用小麦、优质棉花、油菜、畜产品和水产品产业带；汾渭平原农产品主产区，要建设优质专用小麦和专用玉米产业带；河套灌区农产品主产区，要建设优质专用小麦产业带；华南农产品主产区，要建设优质水稻、甘蔗和水产品产业带；甘肃、新疆农产品主产区，要建设优质专用小麦和优质棉花产业带。

（二）粮食生产水需求

水利是粮食生产十分关键的因素，具有不可替代的基础支撑和保障作用。水资源和耕地资源一样，是农业发展的长期制约因素。要保证粮食生产，水资源是命脉。在世界用水量总量中，约70%用于农业灌溉。也就是说，如果水资源和耕地资源相匹配的话，粮食生产就有保障。可事实上，世界各国都存在一个共同性的问题，那就是水资源地区分布不均匀，又与耕地资源分布上有差异，造成水资源和耕地资源不相匹配，从而使水资源变成粮食生产的“瓶颈”。在我国，水资源与耕地资源分布也极不匹配。我国北方耕地面积占全国耕地总面积的3/5，而水资源仅占全国水资源总量的1/5；相反，南方耕地面积占全国耕地总面积的2/5，而水资源却占全国水资源总量的4/5。目前，我国农田水利仍然薄弱，全国有一半以上耕地望天收，缺少基本灌排条件，现有灌区普遍存在标准低、配套差、老化失修、效益衰减等问题。

预计到2030年，我国农田有效灌溉面积达到9.3亿亩左右。为满足未来新增灌溉面积，提高现有灌溉面积、灌溉保证率等粮食生产用水需求，在大力提高农业用水效率的基础上，退还部分工业和城市挤占农业用水以及在水源有保障地区适当增加农业用水的基础上，规划2030年全国农田灌溉年供水量为3500亿m^3左右。

（三）粮食供水安全前景

从历史趋势来看，中国水资源条件的限制并未影响到粮食的供给（图3.22）。过去30年间，我国农业灌溉用水在21世纪初期达到顶峰后就呈现出缓慢下降的态势，而粮食产量却稳步增长，近年来我国粮食总产量连年增加，实现了半个世纪以来首次“九连增”。

北方地区，近年来农业用水已达到顶峰且呈缓慢下降态势，而粮食产量却在稳步增加。以河北省为例，2002～2010年农业用水减少了10%，但农作物产量却增加了1/3（Jia，2012）。海河流域也是如此，以更少的用水实现了粮食增产。

未来，我国粮食生产的用水需求是可以满足的。随着大型灌区续建配套与节水改造，节水高效农业大力发展，我国农业用水效率和效益将进一步提高。2013年年度中央经济工作会议明确指出，2014年我国最为重要的任务是切实保障国家粮食安全。而

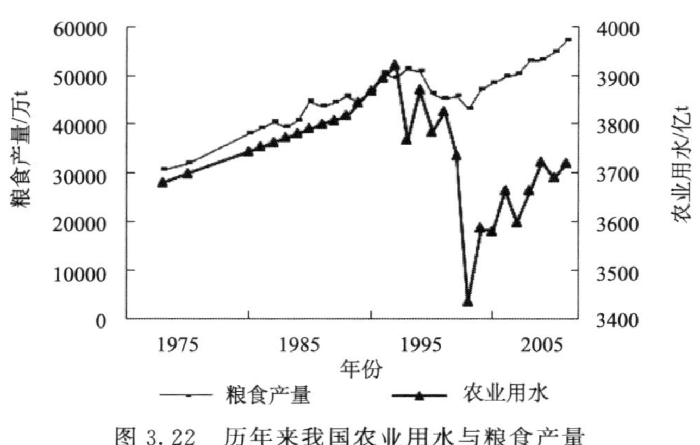

图 3.22 历年来我国农业用水与粮食产量

实现粮食安全的基础是保障粮食供水安全。通过实施系统的措施和对策，未来我国粮食供水安全和稳步增产前景是可期待的。

根据 2013 年的实际粮食产量 6019 亿 kg 已接近预测的 2030 年 14.5 亿人口、人均 420kg 的粮食需求 6090 亿 kg 来判断，中国未来完全可以用 3500 亿 m^3 农业用水保证粮食生产的需要，因为目前实际已经用这些水生产了未来所需要的粮食，未来肯定可以生产更多。

九、小结

（一）现状水资源数量安全评价

现状情况下我国供水基本满足了社会经济发展的正常需求。从宏观层面来讲，水资源的安全供给为我国社会经济发展提供了强有力的保障。除了少数干旱地区的偏远农村存在饮水困难，城乡生活用水水量足够；用比农业高峰用水明显减少的农业用水支撑了我国粮食产量的大幅度提高；工业、商业供水保证了工商业连续高速发展；生态用水总体有保证，20 世纪 90 年代生态用水被挤占的黄河、白洋淀、塔里木河、黑河、石羊河经过加强管理已得到一定程度恢复。从微观层面来讲，企业发展基本不受缺水的影响，很少有企业因为缺水而破产。但也有部分地区的供水是靠挤占生态用水、超采地下水来维持的，并有个别地区的缺水危及生存和发展。

（二）2030 年水资源数量安全评价

我国用水总量控制红线已经确立，2030 年总用水量限定在 7000 亿 m^3 以内。在该前提下，未来我国的可供水量 8100 亿 m^3 可以满足用水需求，城市发展、能源发展及粮食生产的用水需求均能得到保障，而且因为节约用水和严格管理，北方缺水地区的生态用水得到更好的保证，水生态有所改善，尤其是因为南水北调东、中线建成，供水保证程度有明显提高，海河流域地下水超采得以停止、地下水位转为恢复上升。

参 考 文 献

国家统计局城市社会经济调查司. 2011. 中国城市统计年鉴. 北京：中国统计出版社.

郭坤一，于军，方正抟. 2005. 长江三角洲地区地下水资源与地质灾害. 见：中国地质调查局，海岸带地质环境与城市发展论文集. 北京：中国大地出版社.

何希吾，顾定法，唐青蔚. 2011. 我国需水总量零增长问题研究. 自然资源学报，26（6）：901-909.

贾绍凤. 2001. 工业用水零增长的条件分析——发达国家的经验. 地理科学进展，20（1）：51-58.

贾绍凤. 2009. 关于大力推广海水利用解决中国环渤海地区缺水问题的建议. 科技导报，（06）：10.

贾绍凤，康德勇. 2000a. 提高水价对水资源需求的影响分析——以华北地区为例. 水科学进展（01）：49-53.

贾绍凤，康德勇. 2000b. 水资源需求预测与管理的核心——水资源有效需求. http://www.hwcc.gov.cn/pub/hwcc/wwgj/bgqy/jjqk/200807/t20080729_202617.html.

贾绍凤，张士锋. 2000. 中国的用水何时达到顶峰. 水科学进展，11（4）：470-477.

柯礼聃. 2001. 全国总用水量向零增长过渡期的水资源对策研究——兼论南水北调工程的规划基础. 地下水，23（3）：105-112.

柯礼聃. 2004. 人均综合用水量方法预测需水量——观察未来社会用水的有效途径. 地下水，26（1）：1-10.

刘昌明，陈志恺. 2001. 中国水资源现状评价和供需发展趋势分析. 北京：中国水利水电出版社.

钱正英，张光斗. 2001. 中国可持续发展水资源战略研究综合报告及各专题报告. 北京：中国水利水电出版社.

中华人民共和国水利部，中国国家统计局. 2013. 第一次全国水利普查公报. 北京：中国水利水电出版社.

中华人民共和国水利部. 2011. 中国水资源公报. 北京：中国水利水电出版社.

Brown L R，Hilweil B. 1998. China's Water Shortage Could Shake World Food Security. World Watch，(7-8)：10-18.

Grenpeace. 2012. Thirsty coal：a water crisis exacorbated by China's new mega coal power bases. http://www.greenpeace.org/eastasia/Global/eastasia/publications/reports/climate-energy/2012/Greenpeace%20Thirsty%20Coal%20Report.pdf. 2014-01-03.

Huang J J. 2009. Insatiable thirst for coal leads to drought. http://china.globaltimes.cn/editor-picks/2009-08/456240.html. 2014-01-03.

Jia S F. 2012. More grain in the North China Plain with less water consumed：a response to Chris Perry. Water International，37（3）：337-340.

第四章　中国水资源安全质量评价

在未受人类污染的情况下，河湖水质一般属于Ⅰ类和Ⅱ类。但我国现今约6成(59.2%)的河长达不到Ⅱ类水质，超过6成(65.8%)的湖泊面积达不到Ⅱ类水质。粗略而言，三分之二的水已被明显污染(达不到Ⅱ类水质)，三分之一的水已被严重污染(达不到Ⅲ类水质)。地下水水质也不容乐观，水质属于较差-极差的监测点占总数的一半以上。饮水、工农业供水都受到水质不安全的威胁。

一、河流水质现状评价

(一) 按河长统计

根据水利部《2011年水资源公报》，2011年，全国河流水质总评价河长为18.9万km。全国全年Ⅰ类水河长占总评价河长的4.6%，Ⅱ类水河长占35.6%，Ⅲ类水河长占24.0%，Ⅳ类水河长占12.9%，Ⅴ类水河长占5.7%，劣Ⅴ类水河长占17.2%。全国全年Ⅰ～Ⅲ类水河长比例为64.2%，比2010年提高了2.8个百分点。表4.1为全国十大水系各类水河长所占比例。

表4.1　全国十大水系各类水质河长所占比例

流域分区	总评价河长/km	分类河长占总评价河长百分比/%					
		Ⅰ类	Ⅱ类	Ⅲ类	Ⅳ类	Ⅴ类	劣Ⅴ类
全国	189359	4.6	35.6	24	12.9	5.7	17.2
松花江区	13562	0.8	17.4	39.3	22.1	3.1	17.3
辽河区	4949	5.6	31.8	11.4	16	11	24.2
海河区	14089	1.5	19.3	15.4	5.8	7	51
黄河区	20509	2.2	31.4	15.8	14.1	8	28.5
淮河区	24569	0.4	13.6	24	26.9	10.7	24.4
长江区	56702	5.1	39.4	25.9	11.8	5.3	12.5
浙闽片区	6201	3.4	39.9	29.6	10.9	3.8	12.4
珠江区	19847	0.3	38.7	34.6	12.1	5.1	9.2
西南诸河区	18054	6.9	66.2	22.5	1.9	0.6	1.9
西北诸河区	10876	28.7	59.3	8	2.9	0.8	0.3

Ⅰ～Ⅲ类水河长比例由高至低排序依次为：西北诸河区96.0%，西南诸河区95.6%，珠江区73.6%，东南诸河区72.9%，长江区70.4%，松花江区57.5%，黄河区49.4%，辽河区48.8%，淮河区38.0%，海河区36.2%。

Ⅳ类水河长比例由高至低排列依次为：淮河区26.9%，松花江区22.1%，辽河区

16.0%，黄河区 14.1%，珠江区 12.1%，长江区 11.8%，东南诸河区 10.9%，海河区 5.8%，西北诸河区 2.9%，西南诸河区 1.9%。

Ⅴ类水河长比例最高的是辽河区和淮河区，分别为 11.0%和 10.7%，其他流域比例均在 10%以下，按照由大到小分别是：黄河区 8.0%，海河区 7.0%，长江区 5.3%，珠江区 5.1%，东南诸河区 3.8%，松花江区 3.1%，西北诸河区 0.8%，西南诸河区 0.6%。

劣Ⅴ类水河长比例最高的是海河区，高达 51.0%，其他流域按照比例由高至低排列依次为：黄河区 28.5%，淮河区 24.4%，辽河区 24.2%，松花江区 17.3%，长江区 12.5%，东南诸河区 12.4%，珠江区 9.2%，西南诸河区 1.9%，西北诸河区 0.3%。

总体上来看，我国各流域水质状况内流区好于外流区、南方优于北方的分布特点。西北内流区Ⅰ～Ⅲ类水河长比例达到 94%；Ⅰ～Ⅲ类水河长比例最低的五大流域（海河区、淮河区、辽河区、黄河区和松花江区）均在我国华北和东北地区，与之相对应，该五大流域也是劣Ⅴ类水河长比例最高的流域。

（二）按监测断面统计

根据环保部《2012 年中国环境状况公报》，2012 年，在长江、黄河、珠江、松花江、淮河、海河、辽河、浙闽片河流、西南诸河和西北诸河十大水系中，共有 704 个国控水质监测断面。其中，Ⅰ～Ⅲ类水质断面的比例是 68.9%，Ⅳ～Ⅴ类水质断面的比例是 20.9%，劣Ⅴ类的水质断面比例是 10.2%，总体上为轻度污染，具体到各个流域差异较大。

二、湖泊水质现状评价

根据水利部《2011 年水资源公报》，2011 年全国 103 个主要湖泊 2.7 万 m^2 的水面水质评价结果显示，全年水质为Ⅰ类的水面占评价面积的 0.5%、Ⅱ类占 32.9%、Ⅲ类占 25.4%、Ⅳ类占 12.0%、Ⅴ类占 4.5%、劣Ⅴ类占 24.7%。对上述湖泊进行的营养化状况评价结果显示，中营养湖泊有 32 个，富营养湖泊有 71 个。在富营养化湖泊中，处于轻度富营养状态的湖泊有 42 个，中度富营养状态的湖泊有 29 个。

1. 太湖

根据《2011 年水资源公报》，若总磷、总氮不参加评价，五里湖、贡湖和东部沿岸区水质为Ⅱ类，占评价水面面积的 18.7%；梅梁湖、东太湖、湖心区、西部沿岸区和南部沿岸区水质为Ⅲ类，占评价水面面积的 78.4%；竺山湖水质为Ⅳ类，占评价水面面积的 2.9%；全湖总体水质为Ⅲ类。在总磷、总氮参加评价的情形下，东太湖、东部沿岸区和五里湖水质为Ⅳ类，占评价水面面积的 19.1%；贡湖和南部沿岸区水质为Ⅴ类，占评价水面面积的 22.5%；其余湖区水质均劣于Ⅴ类，占评价水面面积的 58.4%；全湖总体水质为劣Ⅴ类。按照评价河长各类水质的百分比，太湖流域，Ⅰ～Ⅲ类、Ⅳ～Ⅴ类和劣Ⅴ类河长占总评价河长的比例依次为 16.5%、40.0%和 43.5%。各湖区的营养状况是：五里湖、贡湖、东太湖和东部沿岸区处于轻度富营养状态，占湖区面积的 26.1%；其他湖区处于中度富营养状态，占 73.9%。《2012 年中国环境状况公报》显示，太湖湖体水质为轻度污染，主要污染指标指标为总磷和化学需氧量。其中，西部沿岸区为中度污染，北部沿岸区、湖心区、东部沿岸区和南部沿岸区均为轻度污染。湖体总体为轻度富营养状态，其中，西部沿岸区为中度富营养状态，北部沿岸区、湖心区、东部沿岸区和南部沿岸区均为轻度富营养状态。太湖主要出入湖河流中，梁溪河为中度污染，乌溪河、洪巷港、殷村港、百渎港、太鬲运河和武进港为轻度污染，其他主要出入湖河流水质均为优良。

2. 巢湖

东半湖水质优于西半湖。根据《2011年水资源公报》，若总磷、总氮不参加评价，东半湖评价水面水质为Ⅲ类、西半湖为Ⅳ类，总体水质为Ⅳ类。若总磷、总氮在参加评价的情况下，总体水质为劣Ⅴ类。《2012年中国环境状况公报》显示，巢湖环湖河流总体为轻度污染，主要污染指标为石油类、总磷和氨氮。从分布看，西半湖为中度污染，东半湖为轻度污染。营养状态评价结果表明，全湖总体为轻度富营养状态。从空间分布看，西半湖为中度富营养状态，东半湖为轻度富营养状态。巢湖主要出入湖河流中，南淝河、十五里河和派河为重度污染，兆河为中度污染，其他主要出入湖河流水质均为优良。

3. 滇池

根据《2011年水资源公报》，滇池的耗氧有机物及总磷、总氮污染均十分严重。无论总磷、总氮是否参加评价，水质均为劣Ⅴ类，处于中度富营养状态。环湖河流总体为轻度污染，主要污染指标为化学需氧量、总磷和五日生化需氧量。8个国控断面中，Ⅱ类、Ⅳ～Ⅴ类和劣Ⅴ类水质断面的比例分别为12.5%、75.0%和12.5%。《2012年中国环境状况公报》显示，滇池为重度污染。主要污染指标为总磷、化学需氧量和高锰酸盐指数。从分布看，草海和外海均为重度污染。营养状态评价结果表明，全湖总体为中度富营养状态。从分布看，草海和外海均为中度富营养状态。滇池主要入湖河流中，新河、老运粮河、海河、乌龙河、船房河、捞渔河和西坝河为重度污染，柴河、马料河、中河和大观河为中度污染，盘龙江、宝象河、洛龙河和东大河为轻度污染。

4. 重要湖泊

根据《2012年中国环境状况公报》显示，鄱阳湖水质良好。全湖总体为中营养状态。洞庭湖为轻度污染，主要污染指标为总磷。全湖总体为中营养状态。洪泽湖为中度污染，主要污染指标为总磷。全湖总体为轻度富营养状态。

其他29个国控大型淡水湖泊中，达赉湖、白洋淀、淀山湖、贝尔湖、乌伦古湖和程海等6个湖泊为重度污染；小兴凯湖、兴凯湖、南四湖、阳澄湖、高邮湖、升金湖、菜子湖、龙感湖、武昌湖、阳宗海和博斯腾湖等11个湖泊为轻度污染；南漪湖、瓦埠湖、东平湖、骆马湖、洱海、镜泊湖和班公错等7个湖泊水质良好；斧头湖、梁子湖、洪湖、泸沽湖和抚仙湖等5个湖泊水质为优。对其中28个湖泊的营养状态评价结果表明，达赉湖、白洋淀和淀山湖等3个湖泊为中度富营养状态；小兴凯湖、贝尔湖、兴凯湖、南四湖、南漪湖、阳澄湖和高邮湖等7个湖泊为轻度富营养状态；瓦埠湖、升金湖、东平湖、莱子湖、乌伦古湖、龙感湖、武昌湖、阳宗海、斧头湖、骆马湖、洱海、程海、梁子湖、博斯腾湖、镜泊湖和洪湖等16个湖泊为中营养状态；泸沽湖和抚仙湖为贫营养状态。

三、地下水污染状况

我国约有70％人口以地下水为主要饮用水源，全国95％以上的农村人饮用地下水，全国40％的耕地使用地下水灌溉。但是，目前地下水正普遍受到由城市化、工业化、农业和矿业活动导致的污染威胁，特别是一些大中城市地下水供水水源水质恶化，并逐步向深部含水层转移。

根据环保部《2012年中国环境状况公报》数据，2012年全国共有198个地市行政区开展了地下水水质监测，共计4929个监测点。其中国家级监测点800个。依据《地下水质量标准》（GB/T14848-93），综合评价结果为水质呈优良级的监测点580个，占全部监测点的11.8％；水质呈良好级的监测点1348个，占全部监测点的27.3％；水质呈较好级的监测点176个，占全部监测点的3.6％；水质呈较差级的监测点1999个，占全部监测点的40.5％；水质呈极差级的监测点826个，占全部监测点的16.8％。主要超标指标为铁、锰、氟化物、“三氮”（亚硝酸盐氮、硝酸盐氮和氨氮）、总硬度、溶解性总固体、硫酸盐、氯化物等，个别监测点存在重（类）金属超标现象。与上年相比，有连续监测数据的水质监测点总数为4677个，分布在187个城市，其中水质呈变好趋势的监测点793个，占监测点总数的17.0％；呈稳定趋势的监测点2974个，占监测点总数的63.6％；呈变差趋势的监测点910个，占监测点总数的19.4％。

根据水利部《2011年水资源公报》数据，2011年，北京、辽宁、吉林、黑龙江、上海、江苏、海南、宁夏、广东9个省（自治区、直辖市）采用《地下水质量标准》（GB/T14848-93），对所辖区域的857眼监测井的水质监测资料进行了地下水水质分类评价。评价结果显示：水质适用于各种用途的Ⅰ～Ⅱ类监测井仅占评价监测井总数的2.0％；适合集中式生活饮用水水源及工农业用水的Ⅲ类监测井占评价监测井总数的21.2％；适合除饮用外其他用途的Ⅳ～Ⅴ类监测井占评价监测井总数的76.8％。主要污染项目是总硬度、氨氮、矿化度等。在9个省级行政区中，海南的监测井水质以Ⅱ类为主；上海、北京以Ⅲ类为主；黑龙江、江苏以Ⅳ类为主；吉林、辽宁、广东、宁夏的监测井水质以Ⅴ类为主。

国土资源部门2009年对全国170个城市的地下水水质进行了监测。分析结果表明，监测区地下水质量状况深层地下水质量普遍优于浅层地下水，并且从某种程度上说，开采程度较低的地区地下水质量优于地下水开采程度高的地区。总体来看，全国地下水水质总体呈恶化趋势或好转趋势的分布较为分散，其中，呈恶化趋势的地区主要集中在华北、东北、西北地区，呈好转趋势的地区仅有零星分布。各个城市中，136个城市2293个浅层地下水监测点中水质呈优良-较好级别的监测点有985个，约占监测井总数的43％，水质呈较差-极差级别的监测点有1308个，约占监测井总数的57％。在各城市的所有监测点中，地下水质量优良-较好级别的监测点比例占全部监测点50％以上的城市包括赤峰、松原、杭州、萍乡、贵阳、广州、重庆等66个城市；而地下水质量较差-极差级别的监测点比例占全部监测点50％以上的城市包括石家庄、乌海、通化、酒泉、喀什、连云港、阜阳、开封、成都等 70 个城市。我国的监测点中呈恶化趋势的有 13 个城市，分别分布在吉林、辽宁、新疆和福建，如集宁、鸡西、武威、金昌、酒泉等地；地下水水质基本稳定的城市有 108 个，遍及全国大部，如石家庄、张家口、呼和浩特、包头、白城、沈阳、西安、张掖等地；水质呈好转趋势的城市有 15 个，如辽源、珲春、锦州、平凉、海东、淮北、蚌埠、龙岩、南宁等地。

针对华北地区水资源短缺和水质恶化的现状，2013 年国土资源部发布了《华北平原地下水污染调查评价》。调查显示，华北平原浅层地下水综合质量整体较差，几乎没有Ⅰ类地下水，仅在大清河冲洪积扇零星存在，直接可以饮用的Ⅰ～Ⅲ类地下水仅占 22.2%，经适当处理可以饮用的Ⅳ类地下水占 21.25%，需要专门处理后才可以利用的Ⅴ类地下水占 56.55%，水环境形势依然严峻。从污染指标来看，华北平原局部地区地下水存在重金属超标现象，主要污染指标为汞、镉、铬、铅等，主要分布在天津市和河北省石家庄、唐山以及山东省德州等城市周边及工矿企业周围；局部地区地下水有机物污染较严重，主要污染指标为苯、四氯化碳、三氯乙烯等，主要分布在北京市南部郊区，河北省石家庄、邢台、邯郸城市周边，山东省济南地区—德州东部，河南省豫北平原等地区。

四、近岸海域污染状况

根据《2012 年中国环境状况公报》，2012 年，全国近岸海域水质总体稳定，水质级别为一般。主要超标指标为无机氮和活性磷酸盐。近岸海域监测点位代表面积共 28.1 万 m^2。其中，Ⅰ类、Ⅱ类、Ⅲ类、Ⅳ类和劣Ⅳ类海水面积分别为 9.44 万 m^2、10.84 万 m^2、2.46 万 m^2、0.97 万 m^2 和 4.40 万 m^2。按监测点位计算，Ⅰ类、Ⅱ类海水点位比例为 69.4%，比上年提高 6.6 个百分点；Ⅲ类、Ⅳ类海水点位比例为 12.0%，比上年下降 8.3 个百分点；劣Ⅳ类海水点位比例为 18.6%，比上年上升 1.7 个百分点。

渤海近岸海域水质一般。Ⅰ、Ⅱ类海水比例为 67.3%，与上年相比，上升 10.2 个百分点；Ⅲ、Ⅳ类海水比例为 20.5%，与上年相比，下降 12.2 个百分点；劣Ⅳ类海水比例为 12.2%，与上年相比，上升 2.0 个百分点。主要超标指标为无机氮、pH 和非离子氨。

黄海近岸海域水质良好。Ⅰ、Ⅱ类海水比例为 87.0%，与上年相比，上升 3.7 个百分点；Ⅲ、Ⅳ类海水比例为 13.0%，与上年相比，下降 3.7 个百分点；无劣Ⅳ类海水，与上年相同。主要超标指标为无机氮。

东海近岸海域水质极差。Ⅰ、Ⅱ类海水比例为 37.9%，与上年相比，上升 1.0 个百分点；Ⅲ、Ⅳ类海水比例为 15.8%，与上年相比，下降 7.3 个百分点；劣Ⅳ类海水比例为 46.3%，与上年相比，上升 6.3 个百分点。主要超标指标为无机氮和活性磷酸盐。

南海近岸海域水质良好。Ⅰ、Ⅱ类海水比例为 90.3%，与上年相比，上升 11.7 个百分点；Ⅲ、Ⅳ类海水比例为 3.9%，与上年相比，下降 9.7 个百分点；劣Ⅳ类海水比例为 5.8%，与上年相比，下降 2.0 个百分点。主要超标指标为无机氮。

重要海湾。9 个重要海湾中，黄河口水质优，北部湾水质良好，辽东湾、胶州湾和闽江口水质差，渤海湾、长江口、杭州湾和珠江口水质极差。与上年相比，黄河口和闽江口水质变好，其他各海湾水质基本稳定。

五、城镇供水水质问题

根据《中国城镇供水状况公报 2006～2010》，2010 年全国城镇供水总量 713.9 亿 m^3，其中，设市城市的供水量 507.9 亿 m^3，县城供水量 92.5 亿 m^3，建制镇供水量 113.5 亿 m^3，分别占全国城镇总供水量的 71.1%、13%和 15.9%；与“十一五”初期相比，2010 年设市城市和县城公共供水的供水量分别增长了 6.7%和 25.1%。

对于水源原水水质而言，根据水利部《2011 年水资源公报》，2011 年对全国 634 个地表水集中式饮用水水源地水质进行评价，评价数据显示河流型饮用水源地、湖泊型饮用水源地和水库型饮用水源地分别占评价水源地总数的 59.9%、3.2%和 36.9%。按全年水质合格率统计，合格率在 80%及以上的集中式饮用水源地有 452 个，占评价水源地总数的 71.3%，其中合格率达 100%的水源地有 352 个，占评价水源地总数的 55.5%。全年水质均不合格的水源地有 31 个，占评价水源地总数的 4.9%。

从用户终端供水水质而言，曾有媒体报道“全国普查自来水合格率仅 50%”。对此，住建部城市供水水质监测中心有关负责人回应称，根据全国普查，2009 年全国城市自来水水厂出厂水质达标率为 58.2%；而据 2011 年最新抽样检测，中国自来水水厂出厂水质达标率为 83%。住建部称，中国城镇供水总体安全，近年来水质不断提高。

但是，自来水厂出厂水质还代表不了用户终端水质，因为自来水厂出水还要经过供水管网送到用户，在配送环节水质可能还会下降。首要的问题是供水管的锈蚀、供水管材不合格造成管网对自来水的污染；其次是高楼往往需要二次加压把水送到楼顶的蓄水池，再由蓄水池配水到各个用户，而蓄水池因为管理不善可能造成自来水被污染。因此，用水终端的水质肯定比自来水出厂水质要差。如果自来水厂出厂水质达标率是 83%，那用户终端的达标率肯定低于 83%。

我国城镇饮用水的供给方式以集中式供水为主。目前，我国城镇饮用水卫生安全存在以下主要问题。一是供水污染事件时有发生。对城镇饮用水卫生安全影响较大的是各种原因造成的供水污染事件，平均每起污染事件至少影响 2000 人的正常饮水，与水有关的肠道传染病在全国传染病病例中占有较大比例。二是城市供水的卫生监督监测合格率偏低。由于水源、水处理工艺、供水设施等方面的问题，造成城市饮用水水质合格率偏低。

六、农村饮用水安全问题

根据农村饮水安全工程“十二五”规划，截至 2010 年年底，全国农村供水总人口为 9.7 亿人，其中，采取从水源集中取水、通过输配水管网送到用户或者公共取水点的供水方式，供水受益人口在 20 人及以上的集中式供水人口 5.6 亿，占全国农村供水人口的 58%。全国还有 4.1 亿农村人口的生活饮用水采用直接从水源取水、未经任何设施或仅有简易设施的分散供水方式，占全国农村供水人口的 42%，其中 8572 万人无供水设施，直接从河、溪、坑塘取水。根据水利部、卫生部、国家发展改革委 2010 年 2 月至 2011 年 5 月对农村饮水不安全人数的复核，农村饮水不安全人数为 29810 万人，其中饮用水水质不达标 16755 万人，占饮水不安全人数的 56.2%，其他缺水问题（水量、方便程度和保证率不达标）造成饮水不安全的人数为13055万人，占饮水不安全人数的43.8%。

截至2010年年底，全国已建52万处农村集中式供水工程，平均每处日供水能力154m^3，受益人口1061人。在集中供水工程中，有90%是单村供水工程，平均每处日供水能力仅50m^3，受益人口仅522人；全国农村饮水安全工程平均水价为1.63元/t，运行成本为1.45元/t（仅考虑电费、人员工资和日常维修费），总成本平均为2.3元/t。因此，目前绝大多数农村饮水安全工程只能维持日常运行，无法足额提取工程折旧和大维修费，不具备大修和更新改造的能力。

农村饮用水水源类型复杂、点多面广，保护难度大，加之目前农业面源污染以及生活污水、工业废水不达标排放问题严重，进一步加大了水源地保护的难度，甚至南方部分水资源相对丰富的地区也很难找到合格的水源。部分农村供水工程，特别是先期建设的单村供水工程存在设计时未考虑水质处理和消毒设施，或者设计了但未按要求配备，配备了但不能正常使用等现象，造成部分工程供水水质不能完全达标。

七、灌溉水质问题

虽然全国大部分地区的灌溉水源水质达到标准，但缺水地区采用污水灌溉、矿产开采对水源的重金属污染，已经形成很大的风险。

我国许多地区曾有过漫长的污水灌溉历史。1957年，建工部曾联合农业部、卫生部把污水灌溉列入国家科研计划，全国范围内开始兴建污水灌溉工程。1972年召开的全国污水灌溉会议将“积极慎重”作为发展方针。20世纪70年代末至90年代中期，全国污水灌溉面积巨增十余倍。至1998年，全国污水灌溉面积达到361.8万hm^2，占全国灌溉总面积的7.3%。污水灌溉的地区主要是北方缺水地区。我国污水灌溉的农田主要集中在水资源严重短缺的海河、辽河、黄河、淮河四大流域，约占全国污水灌溉总面积的85%。这些地方在历史上工农业抢水矛盾突出、农业灌溉缺水严重、污水处理率不高。污水灌溉给中国耕地带来了严重的土壤污染。环保部在2006年公布的数据显示，污水灌溉污染耕地达3250万亩。

我国污水灌溉中存在的首要问题是灌溉水质严重超标，大量未经处理的污水直接用于农田灌溉，致使许多农田遭受不同程度的重金属和有机物污染（刘润堂，2002）。1997年，农业部环境保护所对24个省市的320个污染区的农产品进行调查，发现小麦、玉米重金属超标率高，分别为15.5%和14%，污染物以汞、铬、镉、砷等为主，在污灌区尤显突出。1997年8月辽宁省昌图县2667hm^2水稻全部受到水污染而死亡，涉及1.7万人的生活。2013年1月，国务院办公厅发布《近期土壤环境保护和综合治理工作安排》，首次公开提出，未来农业生产将禁止使用污水、污泥。

除了污水灌溉的水质问题，采矿重金属废水对灌溉水源的污染也是值得警惕的问题。近几年“镉大米”引起了媒体的广泛关注。研究统计显示，中国大约有10%的水稻镉超标。除了镉，砷、铬等重金属也在部分地区的稻米中检出并超标。

八、变化趋势

根据《2011年中国环境统计年报》统计，自2001年以来，废水排放总量呈持续上升趋势。其中，生活污水排放量始终呈增长趋势，而工业废水排放量近年来总体上稳中有降。2001～2012 年全国废水及其主要污染物排放见表 4.2。

表 4.2　全国废水及其主要污染物排放量变化

年份	废水排放量/亿 t			化学需氧量排放量/万 t			氨氮排放量/万 t		
	合计	工业	生活	合计	工业	生活	合计	工业	生活
2001	433.0	202.7	230.3	1404.8	607.5	797.3	125.2	41.3	83.9
2002	439.5	207.2	232.3	1366.9	584.0	782.9	128.8	42.1	86.7
2003	460.0	212.4	247.6	1333.6	511.9	821.7	129.7	40.4	89.3
2004	482.4	221.1	261.3	1339.2	509.7	829.5	133.0	42.2	90.8
2005	524.5	243.1	281.4	1414.2	554.7	859.4	149.8	52.5	97.3
2006	536.8	240.2	296.6	1428.2	542.3	885.9	141.3	42.5	98.8
2007	556.8	246.6	310.2	1381.8	511.0	870.8	132.4	34.1	98.3
2008	571.7	241.7	330.0	1320.7	457.6	863.1	127.0	29.7	97.3
2009	589.7	234.5	355.2	1277.5	439.7	837.8	122.6	27.3	95.3
2010	617.3	237.5	379.8	1238.1	434.8	803.3	120.3	27.3	93.0
2011	659.2	230.9	427.9	2499.9	354.8	938.8	260.4	28.1	147.7
2012	684.8	221.6	462.7	2423.7	338.5	912.8	253.6	26.4	144.6

注：引自《2010 年中国环境统计年报》、《2012 年中国环境统计年报》；2011 年起污染物排放统计包括农业污染源

随着我国城镇污水处理率的大幅提高，废水中主要污染物的排放量呈下降趋势。但是自 2011 年起城镇生活氨氮排放量比 2010 年以前异常上升，说明统计数据不具有一致性。

根据《全国重点流域水污染防治规划（2011～2015 年）》，2006～2010 年期间对重点流域国控断面监测数据显示，总体水质稳中趋好，干流水质总体好于支流。松花江、淮河流域由中度污染改善为轻度污染，辽河流域由重度污染改善为中度污染，巢湖湖体水质由中度富营养改善为轻度富营养，太湖环湖河流由中度污染改善为轻度污染，太湖湖体由中度富营养改善为轻度富营养。

2012 年 5 月环保部发布《全国重点流域水污染防治规划（2011～2015 年）》，要求到 2015 年重点流域化学需氧量（工业和生活）排放量比 2010 年削减 9.7%；氨氮（工业和生活）排放量比 2010 年削减 11.2%。按照重点流域水污染防治规划实施目标，预计各流域水质持续改善，总体由中度污染改善到轻度污染。

根据近十几年地下水水质变化情况的不完全统计分析，我国地下水污染的趋势为：由点状、条带状向面上扩散，由浅层向深层渗透，由城市向周围蔓延。南方地区地下水环境质量变化趋势以保持相对稳定为主，地下水污染主要发生在城市及周边地区。北方地区地下水环境质量变化趋势以下降为主；西北地区地下水环境质量总体保持稳定，局部有所恶化；东北地区地下水环境质量以下降为主，大中城市及其周边和农业开发区污染有所加重，地下水污染从城市向周围蔓延。按照 2011 年 8 月国务院常务会通过的《全国地下水污染防治规划(2011～2020 年)》，预计到 2015 年，初步控制地下水污染

源，地下水水质恶化趋势将逐步得到遏制，建立地下水环境监控体系；到2020年，重点地区地下水水质将会明显得到改善。地下水污染控制需要全民共同参与，需要政府、企业、公众等各方面积极参与。

九、小结

通过综合最新发布的《水资源公报》、《环境质量公报》、《地下水污染防治》等方面的信息，可对我国各流域河流水质、湖泊水质、地下水质、供水水质进行总体评价。

总体看来，目前，全国地表水总体为轻度污染，三分之二的河长已被明显污染（达不到Ⅱ级标准），三分之一河长已被严重污染（达不到Ⅲ级标准）。主要污染指标为化学需氧量、五日生化需氧量。从地域分布而言，全国各流域水质状况具有如下特点：内流区好于外流区、南方明显优于北方的趋势，干流水质总体优于支流，西部地区河流水质好于中部，中部地区好于东部，东部地区水质相对较差。

湖泊（水库）富营养化问题仍突出，以轻度富营养和中营养为主，湖泊主要污染物是总磷、高锰酸盐指数、化学需氧量等。

全国近岸海域水质总体稳定，水质级别为一般，主要超标指标为无机氮和活性磷酸盐。东海近海水域水质最差，劣Ⅳ类海水比例接近一半。

全国地下水环境质量为“南方优于北方，山区优于平原，深层优于浅层”，但地下水环境污染具有加重的趋势，具有由点状、条带状向面上扩散，由浅层向深层渗透，由城市向周围蔓延趋势。

供水水质问题较为突出，城镇自来水出厂水质合格率只有83%，农村饮水水质合格率更低，灌溉水质不合格的情况在中东部地区较为普遍。

从发展趋势而言，尽管近些年化学需氧量排放量、氨氮排放量已在下降，地表水质趋于稳定，但污水排放量还在继续增加，普遍水域的水质污染还没有明显好转，地下水污染还在扩大。

参考文献

国家发展改革委、水利部、卫生部、环境保护部. 全国农村饮水安全工程“十二五”规划.

国家统计局、环境保护部. 2012年中国环境统计年鉴.

环境保护部、国家发展改革委、财政部、水利部. 2012. 全国重点流域水污染防治规划（2011～2015年）.

环境保护部、国土资源部、住房和城乡建设部、水利部. 2013. 华北平原地下水污染防治工作方案.

刘润堂，许建中. 2002. 我国污水灌溉现状、问题及其对策. 中国水利，(10)：123-125.

中华人民共和国环境保护部. 2012年中国环境状况公报.

中华人民共和国环境保护部. 2011. 全国地下水污染防治规划（2011～2020年）.

中华人民共和国水利部. 2011年中国水资源公报.

中华人民共和国卫生部. 2011. 全国城市饮用水卫生安全保障规划（2011～2020年）.

住房和城乡建设部. 2012. 中国城镇供水状况公报（2006～2020年）.

第五章　中国水资源安全总体评价

第三章、第四章分别对中国水资源安全的数量、质量两个方面进行了评价，本章对中国水资源安全的其他方面及总体状况进行评价。

一、中国水资源安全的可持续性评价

水资源安全的可持续性评价主要包括三个方面：水资源的可持续性、水资源开发利用的可持续性和水生态的可持续性。

（一）中国水资源可持续性评价

水资源的可持续性考察未来水资源是否可持续。因为气候变化和下垫面的变化，水资源在一些地区已发生明显改变，例如，海河流域水资源量已由原来根据1956～1979年系列资料评价的419亿m^3变成了根据更长的1956～2000年系列资料评价的372亿$m^3$①。未来水资源是否会因自然或人为的原因而减少？

联合国政府间气候变化专门委员会（Intergovernmental Panel on Climate Change，IPCC）已从1990年起，就全球气候变化连续5次发布了评估报告，认为过去100多年来全球变暖是不争的事实。2013年9月发布的第五次评估报告的最新结论是：1880～2012年，全球海陆表面平均温度呈线性上升趋势，升高了0.85℃；2003～2012年全球海陆表面平均温度比1850～1900年平均温度上升了0.78℃。同时，预测21世纪末，如果二氧化碳累计排放量控制在较低的10000亿t以内，因温室气体增高的温度将在2℃以内；而如果不控制二氧化碳的排放，使二氧化碳累计排放量达到20000亿t，温度将升高4.6℃。

不过就本报告评估的水平年(2030年)而言，即使在二氧化碳高排放情景下，按照IPCC预测的温度上升速度，温度上升也不会超过2℃。据此，可以判断，到2050年中国的温度不会超过历史上温度较高的汉唐时期，因为那时的温度比现在要高2～3℃。由此可以进一步推断，在2050年之前，中国的气候变化幅度不会超过历史时期。

基于中国未来40年内气候变化不会超过历史时期的结论，我们认为中国东南部属于东亚季风、西北部属于大陆气候的气候类型，以及东南湿润、西北干旱的气候格局，都不会发生大的改变。

虽然因为气候变化，我国有的地区降水会增加，有的地区降水会减少，而且同一地区有的时段增加、有的时段减少，但变化幅度有限，多年平均很少超过5%，相应的水资源变化很少超过10%（夏军等，2011）。也就是说，对于全国较大的流域，未来40年水资源具有可持续性，变化幅度不会发生超过10%的变化。

但是流域下点面的变化可能对水资源产生比气候变化更明显的影响。一是城市硬化

---

① 海河流域水利委员会．2009．海河流域水资源及其开发利用评价．

地面增加对产流的改变；二是广大乡村地区人口转入城市，人类活动对植被的破坏减少，植被自然恢复，可能对产流产生很大的影响。例如黄土高原从 2000 年以后，因为退耕还林效果的显现，天然植被明显变好，在其他条件相同的情况下，产水量明显减少。不过相对于水资源的减少幅度，该区产沙的减少幅度更大，相应地输沙用水量的减少比水资源量的减少更多，整体来说是有利的。

（二）水资源开发利用的可持续性评估

关于水资源开发利用的可持续性，又包括两个方面：是否存在过度开发而使供水具有不可持续的风险；取水权是否存有争议而不可持续。

1. 是否过度开发评估

从供水的可持续性而言，是否可持续的判断依据是有无开发不可更新资源。如果开发的资源是可以更新的资源，供水本身就是可以持续的；如果开发了不可更新的静态贮量资源，供水就不是可持续的。对于地表水而言，除了个别大湖泊、水库的蓄水更新较慢，一般地表径流都是逐年更新的，所以很少有不可持续的问题；而地下水更新率比地表水慢很多，如果地下水开采量超过补给量，就会动用与石油贮量类似的用一点就少一点的静态地下水贮量，这种供水水源就不是可持续的。所以水资源开发利用的可持续性主要考察地下水是否超采。

中国目前存在明显的地下水超采区——海河平原。从 1980 年至今，海河平原浅层地下水已累计超采 1200 亿 m^3，年均超采约 40 亿 m^3。

不过，海河流域的地下水超采发生的时期正好是相对枯水期与用水高峰对应的时期。海河流域 19 世纪 50 年代、60 年代是丰水期，70 年代是平水期，1980 年以后是枯水期（图 5.1）。而海河流域的用水量在 1997 年达到 420 亿 m^3 之后转而下降（图 5.2）。1980～2010 年正是海河流域的用水高峰。枯水期与用水高峰的重合，造成了过去 30 年中海河流域地下水超采的局面。

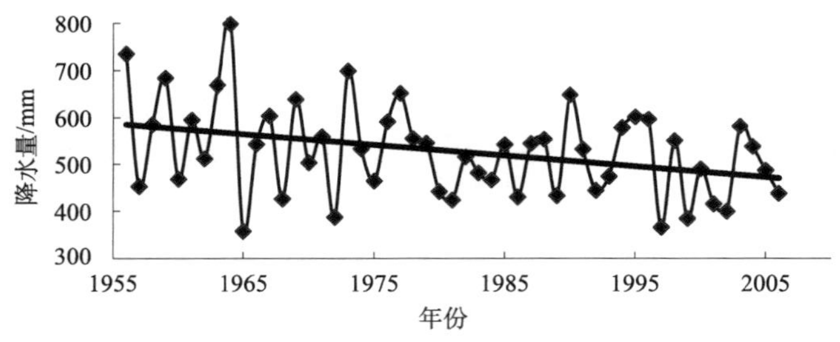

图 5.1 海河流域年降水量变化

地下水位变化的观测数据也表明海河流域地下水位下降发生在降水较少的年份，在降水较多的年份地下水位不是下降而是上升的。例如，在海河平原的腹地——白洋淀流域平原地区，地下水埋深变化与同期降水的大小有很好的对应关系：如果降水达到多年平均的水平，地下水埋深就停止增加，如图 5.3 所示（贾绍凤，2011）。

中国的丰水地带具有南北移动的特点，即在一定时期华南丰水，过几年是长江流

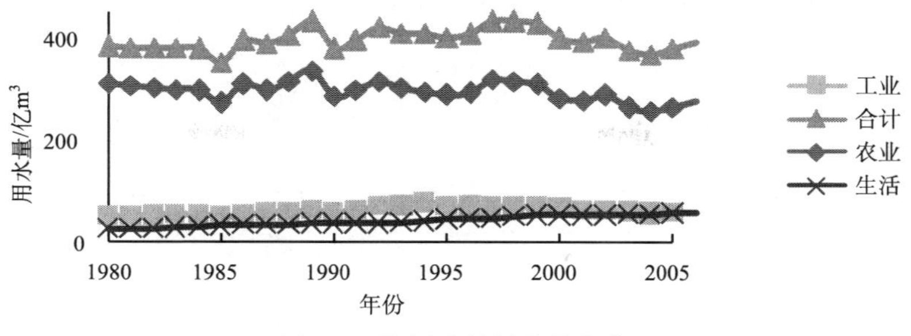

图 5.2 海河流域用水量变化

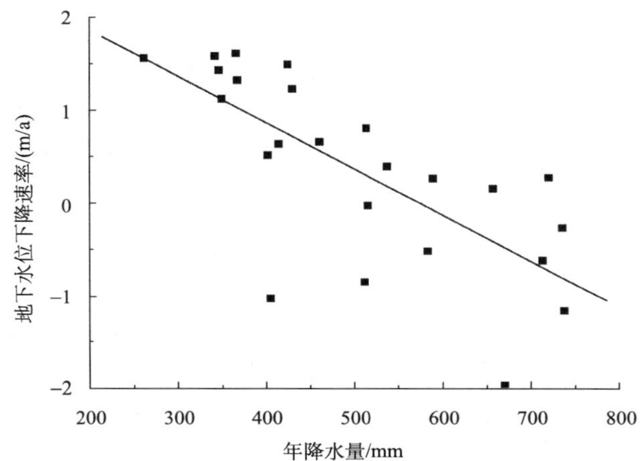

图 5.3 白洋淀平原年地下水位下降量与降水量的关系
当降水量大于多年平均降水量 570mm 时，年地下水位下降量基本接近 0 或为负值，即不下降或者转而上升

域、淮河流域丰水，再过几年是北方的黄河流域、海河流域及东北地区丰水，然后丰水带又从北向南移动，如此循环反复。其不规则的周期大约有 11 年、40 年等。海河流域已经连续降水偏少 30 余年，但近两年降水转多，如 2012 年“7・21”北京大暴雨造成了严重内涝。有迹象表明海河流域进入了丰水期。一旦丰水期到来，根据地下水位下降量与降水量的对应关系就可以判断：海河平原的地下水超采就将结束。

南水北调东线、中线分别于 2013 年、2014 年通水，按规划两条调水线路年均输入海河流域的水量将达到 100 亿 m^3，远超过海河流域地下水的超采量年均 40 亿 m^3。加之考虑到因为产业结构的调整、优化布局，高用水行业被低用水行业替代，冶金、发电行业搬迁到沿海用海水替代淡水来做冷却用水，目前海河流域的新鲜水用水量已越过历史最高峰转而下降，尤其是工业用水量大幅度下降（图 5.4），未来需水不可能大幅度反弹，可以断定只要南水北调按规划正常运行，其调来的水就完全可以替代超采的地下水而使海河平原的地下水得以恢复。

目前，海水淡化的成本已经降到 5 元/t 左右，已经比京津地区以南水北调为水源的自来水成本要低，甚至可以与当地常规水源竞争。海河流域沿海地区具有发展海水淡化的条件，海水淡化肯定可以替代一部分常规水源，这更进一步降低了地下水超采的压力。

图 5.4 海河流域工业用水量变化过程

总之，海河平原的地下水超采，在很大程度上是连续长期的枯水期与用水高峰期相遇造成的。在海河流域用水转而下降的条件下，只要丰水期来临和南水北调如期供水的条件满足一个，海河平原的地下水超采就将结束。或许沿海地区的海水淡化也可以为结束海河平原的地下水超采作出贡献。

2. 水权可持续评估

关于水权的可持续性，对于中国而言，绝大部分水资源都是本国独有，跟别国少有争议。而且流往东南亚、南亚的国际河流，水资源特别丰富，中国基本上不存在与其他国家的水量冲突。但是西北额尔齐斯河、伊犁河、阿克苏河、东北黑龙江上游，水资源较为紧缺，且缺乏水资源分配协议。中国需要预先筹划，本着合作共赢的原则，达成分水协议，以利于长远可持续发展。

（三）水生态可持续性评估

关于水生态的可持续性，因为水污染已在水质安全部分考虑，这里主要考察人类对水资源量的消耗是否引起生态系统过大的破坏而危及生态系统的持续健康、进而危及社会经济可持续发展。

20 世纪 80 年代，华北明珠白洋淀连续几年干淀，表明水生态危机显现；90 年代，塔里木河下游台特玛湖、黑河下游居延海、石羊河下游青土湖接连干涸，黄河断流天数越来越多，表明水生态危机有蔓延爆发之势。上游用水导致的白洋淀干淀，使湖区十万居民的生产生活受到严重影响，靠船出行的交通系统崩溃，依靠湖水的水产养殖业、水禽养殖业难以为继；同时，由于中上游的水资源过度开发导致的塔里木河、黑河、石羊河和黄河下游来水不足，也导致了一系列严重后果，并使下游地区社会经济发展难以持续。

但从 1997 年黄河下游断流天数达到创纪录的 226 天之后，中国政府开始高度重视水资源开发利用与生态环境保护的协调。1999 年开始实施黄河水量统一调度，国务院于 2001 年通过了《塔里木河流域近期综合治理规划》和《黑河流域近期综合治理规划》、2007 年批准了《石羊河流域重点治理规划》。通过一系列有力措施的实施，已取得了显著的效果，黄河在实施统一调度后已连续十几年没有出现断流；塔里木河尾闾湖——台特玛湖已多年保持一定水面，下游生态走廊胡杨林得到一定程度恢复；黑河下游居延海实现了“碧波荡漾”的目标，下游绿洲生态得到明显恢复；石羊河下游的青土湖也恢复了十几平方千米的水面，荒漠植被得以部分恢复，重现水鸟飞翔的美景。总体来看，因为政府对水生态的重视和保护措施得当，中国水资源开发利用与生态不协调的矛盾已经得到明显缓和，因为水资源不合理开发而引起的生态退化趋势已经得以扭转，水资源安全的生态可持续性得到加强。

但是北方地区河流断流的问题仍普遍存在。众多河流被大坝拦截，水库拦蓄河水引往他处，河流本身的生态基流被忽略，既破坏了河流生态系统，也使人失去了亲近河流的机会。今后在水资源配置和水利工程调度管理中，应尽可能考虑河流生态的需水要求。

二、中国水资源安全的成本评估

关于水资源安全的成本因素，需要评估用水者是否能够承担供水成本。具体包括：居民的收入水平是否可以承受生活水价、灌溉用户能否承担灌溉水价、工商业用户能否承受工商业用水价格，以及在存在水价补贴的情况下社会能否承担真实的供水成本？

（一）居民水价承受能力评估

关于居民的水价承受能力，一般认为如果家庭水费支出占家庭可支配收入的3%以内，就是可以承受的。

目前中国的生活水价水平还很低，一般家庭生活用水水费支出占可支配收入的1%以内。以北京市为例，北京市水价位居全国前茅，2009年调价后居民生活水价为4元/t，人均居民家庭用水量约4t/月，人均年水费支出为192元/a，而2012年北京城镇居民人均可支配收入36469元，水费支出占可支配收入的比例为0.53%，远低于3%的安全范围。与发达国家相比较，我国的自来水价格也低很多。截至2008年年底，36个大中城市供水价格平均每吨2.9元（其中，自来水价格1.5元、污水处理费0.9元，水资源费和南水北调基金约为0.5元），同期德国3.01美元，美国0.74美元，巴西0.65美元，日本、中国香港约为3美元①。

对未来而言，党的“十八大”报告明确提出，到2020年，“实现国内生产总值和城乡居民人均收入比2010年翻一番”。预计2030年人均可支配收入比2010年增加1.5倍以上，即至少为2010年的2.5倍；假设水价的上涨幅度比收入增长速度快两倍，即到2030年的水价是2010年水价的5倍，按同样的人均用水量，居民家庭生活用水水费支出也不过2%左右，即使考虑因为生活水平的提高人均用水量会有所上升，比现状人均用水量增加50%，2030年的家庭水费支出占家庭可支配收入的比例仍基本在3%以内。因此，对现状而言，水价是偏低的，居民具有水价承受能力；对未来而言，即使未来水价上涨的幅度比人均可支配收入上涨的速度快一倍，到2030年，水价仍在居民收入可承受的范围之内。

---

① 周望军．2009．中国水资源及水价现状调研报告．http://www.sdpc.gov.cn/jggl/jgqk/t20091221_320459.htm.

但应注意在提高水价的同时提高对贫困家庭的补助，尤其要相应地提高低保补贴标准，以保障贫困家庭的基本生活水平。

（二）灌溉水价承受力评估

关于灌溉水价承受力，一个评价指标是水费支出占灌溉增产效益的比例，一般认为在 30%～40%为宜。

目前中国的灌溉水价低的只有 0.02 元/m^3，高的达到 0.7 元/m^3[①]，井灌区普遍达到 0.1～2 元/m^3 左右。农田灌溉定额也是各地有别，高的在 1000m^3 以上，低的不足 100m^3，近年全国农田平均灌溉定额月为 6750m^3/hm^2。按此定额和水价 0.2 元/m^3 计算，1hm^2 灌溉土地的水费支出约为 1350 元。

灌溉增产效益，即单位土地有灌溉条件下与无灌溉条件下的除水费之外的静收益之差。由于各地自然条件不相同，这一效益之差也不相同。在南方丰水地区，对于灌溉水稻而言，可以是水稻与旱稻的效益之差，也可能是灌溉水稻与其他旱作作物的效益之差；在温带湿润地区，可能是灌溉小麦与无灌溉小麦的效益之差；在西北极度干旱地区，可能是有灌溉的农田与没有灌溉的草地、荒地的效益之差。但对全国而言，一组数据可以用来判断灌溉效益的大小。2010 年全国灌溉耕地面积占全部耕地面积的 45.9%，在占全国耕地面积不到一半的灌溉面积上生产了占全国总产量 75%的粮食，提供了占全国总产量 80%以上的经济作物和 90%以上的蔬菜[②]。由此估算，单位灌溉耕地的农作物产量大约是非灌溉耕地的 4 倍。就粮食产量而言，非灌溉耕地平均亩产只有 200kg，而灌溉耕地平均亩产 800kg，因灌溉平均亩产增加 600kg。按 1 元/kg 的平均粮食价格，因灌溉每亩增加的效益为 600 元（9000 元/hm^2）。

根据灌溉增加效益 9000 元/hm^2，灌溉水费支出 1350 元/hm^2 估算，那么水费支出占灌溉增加效益的 15%。根据水费支出占因灌溉增加效益的比例保持在 40%以下就不超过水价承受力的标准来判断，中国目前的灌溉水价是可以承受的，而且水价水平还比较低，这与中国灌溉水价仍低于供水成本的判断也是相一致的。农业水价仍有提升的空间。

（三）工商业水价承受力评估

就工商业用水水价而言，与生活用水类似。一方面企业的水费支出占总生产成本的比例很低；另一方面，相对发达国家的水价而言，中国的水价还很低，因此企业效益的主要影响因素是原材料、市场和管理，而水对企业效益的影响很小（周常青等，2005）。这说明目前中国的水价还远低于工商业对水价的承受力。未来水价的合理上升，一般企业都有潜力消化。

---

① 李楠．2010. 山西投入 1 亿元实行灌溉电价水价补贴．http://news.cnr.cn/gnxw/201008/t20100830_506973126.html.

② 水利部网站．2011. 中国灌溉排水事业发展是粮食安全的基础．http://www.mwr.gov.cn/ztpd/2011ztbd/slrdgz/sdbd/201106/t20110617_283993.html.

（四）供水成本的社会承受力评估

如果存在供水补贴，水价就会低于供水成本，表面上各类用户可以承受水价，但真实的供水成本还是由整个社会来承担。在这种情况下，即使水价不高，如果供水成本太高，也可能拖累整个经济。因此，对整个社会或整个经济系统能否承担供水的成本进行评估，也是必要的。

就中国而言，尽管水资源稀缺程度上升、水质污染加剧，供水成本在上升，但整个社会能够承受和消化的供水成本在上升。理由是中国的经济在过去30年中保持了年均10％的长期高速增长，这说明供水成本的上升并没有影响社会经济的快速发展。

一些供水工程建成后因为成本太高难以正常运用的现象，也说明了一个地区供水成本已经超过了经济的承受能力。例如盐环定扬黄扶贫工程，除了宁夏政府补贴电费帮助工程运行较好之外，陕西和甘肃因为农民交不起抽水电费而几乎不用；山西“引黄入晋”工程，因为长隧洞（隧洞占线路总长的46％）工程初始投资大，同时，扬程达636m运行费也高，建成后因为水价比当地水高很多，用户宁愿超采地下水也不用调来的水，造成了地下水超采和工程闲置的双重困境。最新的例子是南水北调东线工程。该工程2013年年底正式建成通水，但各个地方上报的2014年年度计划调水量却比规划调水量少很多。南水北调东线一期工程每年抽江水量为36.01亿m^3，据测算，江苏、山东、安徽3省多年平均供水量分别为19.25亿m^3、13.53亿m^3、3.23亿m^3。而在山东上报水利部的2014年调水计划中，仅有济南、枣庄、青岛、潍坊、淄博5个城市上报了调水计划，总计7750万m^3，而按照原定规划，这5个城市承诺多年平均调水总量应为5.12亿m^3。此外，济宁、菏泽、滨州、东营等8个城市原定的多年平均计划调水量总计9.55亿m^3左右，但目前均无调水安排。主要原因就是调水水价远高于当地的水资源费[①]。因为当地水资源费每立方米只有几分钱，最多几角钱，而南水北调水价一般在1元以上，远段德州市达到2.24元，当地政府当然优先选择利用当地水而尽量少用南水北调的水。因此，供水成本的承受能力对于具有长距离调水、高扬程提水工程的地区，已经是水资源安全的现实制约因素。

三、现状中国水资源安全的总体评价

在对中国水资源安全的数量充足性、质量符合性、可持续性和成本可承受性的分别评价的基础上，根据第二章建立的基于约束条件的水资源安全评价指标体系，对中国水资源安全状况进行综合的评价。我们不求精细的定量评价，而力求整体把握水资源安全的总体状况。

对于指标体系的每一项指标，首先强调在详细调查之后作出定性判断。然后引入百分制打分系统进行定量评分：90分以上表示很安全，80～89.9分为安全，70～79.9分为较安全，60～69.9分为不太安全，60分以下为很不安全。其中一部分指标的得分值，可以直接参考其指标值，如供水水质合格率数据可以直接作为该指标的得分值。

为了从各指标的评分得出总体的综合评分，需对各指标进行赋权重。这里基本采用

---

① 中国网．南水北调东线工程尴尬：长江水价过高让地方头疼。www.china.com.cn. 2014-01-14.

简便的直接赋权法，主要有两条规则：①对于一个上级指标的所有下一级指标，只要不存在集总指标与分解指标的关系，就认为每个指标对上一级指标的权重相等，其含义是每个指标的重要性是同等的；②如果在一个上级指标的下级指标中，同时包含了集总指标与分解指标，例如水资源总需水满足率是集总指标，而生活需水满足率、农业灌溉需水满足率、工业需水满足率是分解指标，那么，集总指标的权重与所有分解指标的权重之和相等，且各分解指标之间的权重相等。按这样的赋权方法，水资源安全的数量充足性、质量符合性、可持续性、成本可承受性都同等重要，对综合评分的权重都为 1/4。具体各级指标的权重见表 5.1。

表 5.1　水资源安全评价指标体系下级对上级指标的权重

约束条件	子约束	评价指标
数量充足性 1/4	常年需水数量满足程度 1/2	总需水满足率 1/2
		生活需水满足率 1/6
		农业灌溉需水满足率 1/6
		工业需水满足率 1/6
	供水保证率 1/2	城镇供水保证率 1/3
		农村生活供水保证率 1/3
		灌溉用水保证率 1/3
质量符合性 1/4	自然水体水质 1/2	河流水域功能达标长度比例 1/5
		湖泊水域功能达标面积比例 1/5
		近海水域功能达标率 1/5
		城市饮用水水源达标率 1/5
		农村饮用水水源达标率 1/5
	供水水质 1/2	城镇自来水水质达标率 1/4
		农村饮用水供水水质达标率 1/4
		工业用水水质达标率 1/4
		灌溉用水水质达标率 1/4
可持续性 1/4	水资源可持续性 1/3	当地水资源减少的可能性与幅度：当地水资源/(当地水资源＋客水)
		客水减少的可能性与幅度：客水 1/2（当地水资源＋客水）
	开发利用可持续性 1/3	水资源过度开发率 1/3
		地下水超采率 1/3
		有争议或未签协议水权占全部取用水权的比例 1/3
	水生态可持续性 1/3	生态需水满足率 1/2
		因缺水引起的绿洲萎缩率 1/4
		因缺水引起的湖泊萎缩率 1/4

续表

约束条件	子约束	评价指标
成本可承受性 1/4	生活水价居民是否可以承受 1/3	生活用水水价与人均收入之比 1/4
		家庭水费支出占家庭可支配收入的比例 1/4
		低收入人群水费补助率 1/2
	生产水价企业是否可以承受 1/3	水费占总生产成本的比重 1/2
		生产水价与其他国家的比较 1/2
	供水成本社会是否可以承受 1/3	供水成本的国际比较 1/2
		供水成本的经济增长弹性 1/2

虽然这样的赋权法有其明显的缺点，例如不能反映客观存在的各指标的重要性差异，但这样赋权的好处也是明显的。它可避免主观赋权的随意性和各种客观赋权法对数据的严格要求和计算的复杂性。对于不求打分的绝对准确而重在定性分级评价的水资源安全评价，这样的简化处理是可取的。

首先对现状中国水资源安全水平进行评价。因为资料的关系，不同指标的现状资料的年份不尽一致，可能分别是 2010 年、2011 年、2012 年和 2013 年，因此这里的现状评价不是针对特别严格的某一年，而是对 2010～2013 年状况的评价。

表 5.2 给出了对各项指标的定性评价结论和打分。判断的主要依据是对水资源安全的数量、质量、可持续性和成本各方面约束要求的分析。同时对有些指标的判断结论还给出了具体的注释。

表 5.2　中国水资源安全现状评价：定性评价与打分（2010～2012 年）

约束条件	子约束	评价指标	定性评价	打分
数量充足性	常年需水数量满足程度	总需水满足率	供水支撑了社会经济快速发展，很安全	98
		生活需水满足率	除了水源条件差的偏远农村，水量能够满足，很安全	90
		农业灌溉需水满足率	正常年份能够满足，很安全	98
		工业需水满足率	正常年份能够满足，很安全	99
	水量保证率	城镇供水保证率	平均水量保证率 95%以上，很安全	95
		农村生活供水保证率	近年干旱年份干旱季节缺水的概率较大，很安全	90
		灌溉用水保证率	灌溉供水设计保证率一般是 75%，但全国每年 90%以上灌溉地灌溉有保证①，很安全	90

注：①中国 2010 年、2011 年耕地受旱面积分别为 1326 万 hm^2、1630 万 hm^2，其中非灌溉地占了大部分，与总灌溉耕地 6000 万 hm^2 相比，灌溉耕地受旱率在 10%以下

续表

约束条件	子约束	评价指标	定性评价	打分
水质符合性	自然水体水质	河流水域功能达标长度比例	低于50%①，不安全	50
		湖泊水域功能达标面积比例	低于50%①，不安全	50
		近海水域功能达标率	低于50%，不安全	50
		城市饮用水水源达标率	城市饮用水水源达标率基本稳定在80%左右②，比较安全	75
		农村饮用水水源达标率	约三分之二③，较不安全	65
	供水水质	城镇自来水水质达标率	约80%④，比较安全	75
		农村饮用水供水水质达标率	低于三分之二⑤，较不安全	65
		工业用水水质达标率	按与城市饮用水相近估计，80%，比较安全	75
		灌溉用水水质达标率	75%⑥，有相当多的灌溉水源水质不合格，较不安全	72
可持续性	水资源可持续性	当地水资源减少的可能性与幅度	全国多年平均水资源基本保持稳定，个别流域减少明显，很安全	95
		客水减少的可能性与幅度	国外入境客水基本稳定⑦	95
	开发利用可持续性	水资源过度开发率	整体没有过度，个别流域过度，很安全	90
		地下水超采率	全国超采率不大，北方超采明显，基本安全	85
		有争议或未签协议水权占全部取用水权的比例	国际未定水权所占比例很少，很安全	95
	水生态可持续性	生态需水满足率	总体可以满足，局部被挤占的生态需水得到恢复，安全	85
		因缺水引起的绿洲萎缩率	20世纪90年代情况最遭，现已好转，安全	85
		因缺水引起的湖泊萎缩率	20世纪90年代情况最遭，现已好转，安全	85

注：①人民日报：水利部水资源司司长陈明忠说，根据《全国水资源综合规划》，2010年全国监测评价的3902个水功能区，水质达标率仅为46%。http://paper.people.com.cn/rmrb/html/2012-02/07/nw.D110000renmrb_20120207_3-01.htm? div=-1.②全国人大常委会听取国家发改委副主任杜鹰饮用水安全情况报告．(http://news.ycwb.com/2012-06/28/content_3853556.htm)。另外环保部污染防治司副司长凌江表示，我国833个水源地达标率在90%以上，但是按普通地表水水质标准评价的（http://www.bjnews.com.cn/news/2013/07/20/274344.html）.③2008年、2009年水利部开展了全国农村水源普查，得出农村3亿人饮水水源不合格的结论。黑龙江省规划2015年农村集中式饮用水水源水质达标率将达到60%.④全国人大常委会听取国家发改委副主任杜鹰饮用水安全情况报告：2011年全国城镇自来水水质达标率83%。(http://news.ycwb.com/2012-06/28/content_3853556.htm).⑤相比与城镇的供水水质合格率80%，农村供水水质合格率更低.⑥全国污水灌溉面积从1963年的4.1万hm^2发展到1998年的361.8万hm^2，占全国灌溉总面积的7.3%（刘润堂和许建中，2002）。除了设计的污水灌溉灌区，还有很多灌区的水源水质没有保证。根据达不到灌溉水质要求的Ⅴ类、劣Ⅴ类水还占相当比例，以及未纳入检测范围的重金属对灌溉水源的污染等情况来判断，估计灌溉水质达标率达不到80%.⑦中国的国外入境客水主要是新疆的阿克苏河和内蒙古东北部的克鲁伦河。两河入境水量虽然比起全国水资源量而言很少，但对当地具有很重要的意义

续表

约束条件	子约束	评价指标	定性评价	打分
成本可承受性	生活水价居民是否可以承受	生活用水水价与人均收入之比	保持很低水平，很安全	99
		家庭水费支出占家庭可支配收入的比例	保持很低水平，普遍在1%以下，很安全	99
		低收入人群水费补助率	低保政策已覆盖城乡，但各地保障水平不一，标准偏低，安全	85
	生产水价企业是否可以承受	水费占总生产成本的比重	很低，很安全	98
		生产水价与其他国家的比较	偏低，很安全	95
	供水成本社会是否可以承受	供水成本的国际比较	普遍低于发达国家①，很安全	99
		供水成本的经济增长弹性	供水成本的增长慢于人均收入的增长②，很安全	95

注：①中国南水北调的成本已经与国外的边际供水成本接近，但普遍的供水成本仍低于国外。例如，广州2011年自来水生产成本约为2.3元/t（人民网：广州自来水公司回应成本虚高称：核定依据有异，http://shipin. people. com. cn/GB/17139742. html），武汉约为1.53元/t，比起香港从东江调水的供水成本、新加坡海水淡化供水的成本要低很多．②根据国家统计局的数据，中国近几年城乡居民人均收入保持在平均10%以上的增长率，供水成本的增长根据武汉市的数据2009～2011年年均约为5%（武汉水务集团其单位供水成本：1.53元/t，http://www. cnhan. com/content/2012-12/07/content _ 1837094 _ 2. htm），供水成本的增长速度约为人均收入增长速度的一半．

根据表5.1的指标体系权重和表5.2的各项指标的得分，可以得出中国现阶段水资源安全状况的各子约束、约束条件以及总体的综合得分（表5.3）。

从表5.3中可以看出，在水资源安全的四个约束条件中，供水成本可承受性得分最高，得分95.17，属于很安全的范围；其次是水资源数量充足性，得分94.33，也属于很安全的范围；再次是可持续性，得分89.44，属于安全的范围；得分最低的是水质，得分只有64.88，属于不太安全。综合得分86.09，属于安全的范围。

以上的打分结果与我们的定性判断是一致的。目前中国水资源数量总体是安全的，除了个别流域缺水，总体上可利用量大于需求量，足够的供水保证了社会经济的快速发展；除了南水北调工程和个别高扬程抽水供水工程，供水成本仍普遍较低，供水价格更远低于水价承受能力；与水资源过度开发、地下水超采和水生态退化相关的可持续性局部地区问题明显，但已在改善；中国水质状况着实堪忧，水污染是水资源安全的最大威胁。

表 5.3　中国水资源安全现状评价综合得分（2010～2012 年）

子约束	子约束得分	约束条件	约束条件得分	综合得分
常年需水数量满足程度	97.00	数量充足性	94.33	86.09
供水保证率	91.67			
自然水体水质	58.00	水质符合性	64.88	
供水水质	71.75			
水资源可持续性	95.00	可持续性	89.44	
开发利用可持续性	88.93			
水生态可持续性	85.00			
生活水价居民是否可以承受	92.00	成本可承受性	95.17	
生产水价企业是否可以承受	96.50			
供水成本社会是否可以承受	97.00			

四、2030 年中国水资源安全评价

（一）水资源数量充足性

之所以要对 2030 年的中国水资源安全状况进行预测和评价，首先是因为 2030 年左右是中国人口的高峰，在此之后中国人口会转而下降，因此 2030 年左右将是人口压力最大、人口资源矛盾最尖锐的时段。如果该时段水资源安全有保障，至少从水资源量而言其他时段就更有保障；其次是因为 2030 年距离现在不到 20 年，技术水平、社会经济结构不会发生颠覆性的变化，具有可预测性。

人既是用水者又是排污者，人是水资源压力的最终来源，因此对水资源安全水平的判断，与人口高峰值的预测密切相关。1980 年，宋健等根据 20 世纪 70 年代的总和生

育率预测 2050 年中国人口达到 40 亿[①]。后来随着城市一胎政策的实施，生育率下降迅速，中国大陆的人口高峰被预测为 16 亿。人口高峰 16 亿这个数字经常被媒体采用，一些非人口专业的国情研究者包括政府官员也常采用这一数字，例如建设部副部长仇保兴曾说，中国缺水的高峰将在 2030 年，那时中国人口将达到 16 亿左右，人均水资源占有量将为 $1760m^3$，进入联合国有关组织确定的中度缺水型国家的行列（齐中熙和雷敏，2005）。但实际上因为计划生育政策的有效实施，中国人口增长没有原来预测的那么快、那么多。早已有人口专家明确指出：中国人口高峰值不是媒体平常所说的 16 亿，而应在 14.3 亿到 14.5 亿之间（张翼，2005）。由蒋正华、宋健和徐匡迪任正、副组长，集中了包括十多位两院院士在内的 300 多位专家学者的国家人口发展战略组（2007）预测如果总和生育率一直保持在 1.8 左右，中国总人口将于 2010 年、2020 年分别达到 13.6 亿和 14.5 亿，2033 年前后达到峰值 15 亿左右。因为中国 2000 年第五次人口普查的总和生育率只有 1.22[②]，2010 年第六次人口普查的总和生育率只有 1.18（国务院人口普查办和国家统计局，2012），已经远低于 1.8。即使现在放弃"一对夫妇只生育一个孩子"的政策而普遍允许生二胎，至少在过去的十几年中国的总和生育率已经远远低于 1.8，而且未来的总和生育率也难以恢复到 1.8 以上的水平。因此，可以预计中国人口高峰很可能低于 15 亿。

关于中国人口高峰的数据尤其值得注意。因为很多人包括一些国外研究者都引用 16 亿人这一过时的数据作为中国人口高峰数据，不但夸大了中国人口对水资源的压力，也夸大了中国人口对世界粮食安全、国际碳减排的压力。

如果按 14.5 亿的人口高峰计算，中国的人均水资源将由 2010 年的 $2119m^3$/人，下降到 2030 年左右的 $1959m^3$/人，比现在下降约 7.5%（图 5.5）。相当于就全国平均而言，因人口数量增加所增加的水资源压力加大了 7.5%。

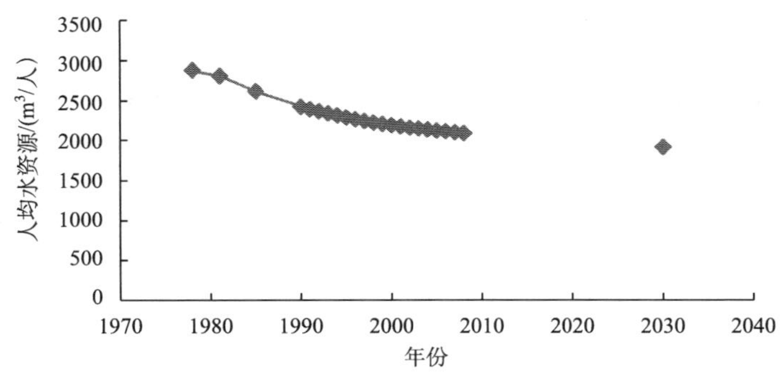

图 5.5　中国人均水资源变化

① 宋健等．1980．中国百年人口预测报告．新华社，1980.2.13．转引自：杨传敏．2008．1980"80 后"一代诞生．南方都市报，2008 年 10 月 28 日 AA16 版（http://epaper.oeeee.com/A/html/2008-10/28/content_610962.htm）.

② 省、自治区、直辖市育龄妇女年龄别生育率及总和生育率．http://www.stats.gov.cn/tjsj/ndsj/renkoupucha/2000pucha/html/l0605.htm.

但是，尽管人口对水资源的压力增大，我们判断到2030年中国的水资源数量仍然可以满足需要。原因主要有以下几点：第一，1959m³/人的人均水资源量仍高于所谓的1700m³/人的水资源安全临界标准；第二，到2030年的用水量仍低于水资源可利用量。2030年的用水量被要求控制在7000亿m³以内，而可利用水量在8100亿m³，总体上用水量不会超过可利用水量，更不会超过可利用水量对应的可供水量；第三，对于水资源供求关系最紧张的黄淮海地区、河西走廊、天山北麓、关中盆地和山西中北部地区，黄淮海地区已经建成了南水北调中东线工程；河西走廊已经建成了景泰川电力提灌工程（简称景电工程）可为石羊河下游民勤输水，并且从青海省海北州大通河调水到甘肃省金昌市及武威市民勤县的“引大济西”工程已经列入水利部规划；天山北麓建成了“引额济乌”工程；关中地区已在建“引汉济渭”工程，从汉江上游调水到渭河流域；山西中北部地区已经修建了“引黄济晋”工程，随着调水工程的修建，以及当地水资源的高效利用，这些地区的水资源保障程度比工程修建前将有明显提高。

当然，一个疑问是中国的用水量到2030年是否能够控制在7000亿m³以内。

应该说，如果2030年中国用水量达到7000亿m³，那么中国的人均用水水平会有明显提高。用水量由2010年6022亿m³增加到2030年的7000亿m³，相当于用水量增加了16.24%，其中7.5%是因为人口数量的增加，另外8.74%是因为人均用水量的增加，就是说人均用水量比2010年增加了8.74%，从446m³/人增加到485m³/人。这一人均用水量，虽然比现在美国1647m³/人低很多，也低于日本的693m³/人，但却高于目前的高收入国家，如英国的161m³/人、以色列的289m³/人和韩国的393m³/人，与荷兰的493m³/人很接近。这说明人均485m³的用水量，是可以支撑较高的经济发展水平的。

从粮食生产灌溉用水、城市用水、能源用水等几个重点问题来看，首先，中国目前已经用3500亿m³左右的农业用水生产6090亿kg粮食，而这样的粮食产量已经可以基本满足2030年14.5亿人口高峰的粮食安全需求，随着技术进步，未来用这些水必定可以生产更多的粮食，因此，到2030年的粮食生产的用水需求是完全可以满足的；其次，各个城市的水资源保障已在全国、各流域、各省的水资源综合规划和中长期水供求规划中做出了安排，都已包含在7000亿m³的总用水量之内；最后，能源、尤其是火力发电用水并不像外界预想的那么大，也是可以保证的，并也在规划中进行了专门论证和统一安排。

（二）水质符合性

根据国务院批准的《全国水资源综合规划》、《全国重要江河湖泊水功能区划》、《全国重点流域水污染防治规划（2011～2015年）》、《全国地下水污染防治规划（2011～2020年）》、《水质较好湖泊生态环境保护总体规划》的要求：各流域水质持续改善，2015年重点流域水质总体由中度污染改善到轻度污染；2015年年初步控制地下水污染源，地下水水质恶化趋势将逐步得到遏制，建立地下水环境监控体系；到2020年，重点地区地下水水质将会明显得到改善，主要江河湖泊水功能区水质达标率达到80%，城镇供水水源地水质全面达标；到2030年主要江河湖泊水功能区水质基本实现达标。

虽然规划目标不等于现实，有可能不能全部按规划实现，但中国的环境确实到了由恶化到好转的转折关头。

根据发达国家的经验，环境与经济发展水平的关系符合环境库兹涅茨曲线规律，即在经济起步阶段，随着经济的发展环境污染加剧，在经济发展达到某一较高水平后，环境污染会转而减少，环境质量趋于良好。在 20 世纪 50～60 年代，西方发达国家，不论是欧洲还是美国或者日本，都曾经历环境污染非常严重的时期，水发黑发臭，空中雾霾沉沉，恶性污染事件频发。但在 20 世纪 60～70 年代发动了声势浩大的绿色环保运动，各国制定了严格的污染防治法规，开始进行环境污染的大规模治理，并与 20 世纪 60 年代“亚洲四小龙”（中国香港、新加坡、韩国和中国台湾）、20 世纪 70 年代东盟诸国（泰国、马来西亚、菲律宾、印度尼西亚等）以及 20 世纪 80 年代中国等国家和地区开始大力发展劳动密集型加工业相呼应，顺利完成了产业转移和产业结构升级，很多高污染的产业被转移到国外，在较短时期内，这些国家的环境状况得到了根本改观，很少再有水发黑发臭、烟囱冒黑烟的问题。

中国目前的经济发展也已经到了环境状况由恶化转而好转的临界水平。中国的人均 GDP 在 2012 年已经达到 6102 美元，已经加入中等收入国家行列。老百姓的环境意识也已有很大提高，不乏自发的排污追踪者和举报者，反对高污染项目建设的群发性事件时有发生。尤其是政府的环保政策有了真正的改观，很多地区提出了不再考核 GDP，而要考核生态环境保护目标。2013 年 12 月 11 日中共中央组织部印发《关于改进地方党政领导班子和领导干部政绩考核工作的通知》，要求今后对地方党政领导各类考核考察，不能仅仅把地区生产总值及增长率作为政绩评价的主要指标，强化约束性指标考核，加大资源消耗、环境保护、消化产能过剩、安全生产等指标的权重。官员考核指标的修正，环保指标的约束性加强，将使官员的工作重心从一味的经济发展转移到经济发展与环境保护的协调上，必将有力推动环境保护工作的真抓实干、极大促进环境状况的改善。

基于上述判断，我们认为中国的水污染状况将可能在 2015 年左右整体停止恶化趋势，在 2020 年得到明显好转，到 2030 年水环境状况将恢复到良好水平。

（三）可持续性

基本判断是：中国未来一段时间的水资源安全的可持续性比 2010 年会得到加强。是因为更合理的水资源配置，调水工程的实施，非常规水源的补充，目前水资源开发过度、地下水超采、水生态退化的地区，水资源保障程度会提高，地下水超采将停止，水生态将趋于好转。

（四）成本可承受性

基本判断是：到 2030 年，中国的供水成本可以保持在可承受的范围之内。

第一个理由是中国的用水已经接近顶峰，未来需要新增的供水能力和新修的供水工程已经不多，也就是说，绝大部分供水工程早已建成，供水成本不会因为新修工程而大幅度上升。

第二个理由是随着中水回用、海水淡化技术的进步，非常规水源的供水成本在下降，非常规水源供水技术既可为将来提供新的水源，也可为抑制供水成本的上升而发挥作用。

从长远来看，对供水成本可以抱乐观的态度。因为海水淡化的成本一直在下降，目前已经做到了 4.5 元/t，几乎可与常规水源的自来水供水成本相媲美，未来随着技术的进步成本还会更低。因此，对于沿海地区，可以把海水淡化作为长期可以依靠、成本可以承受的生活和工业淡水水源。

沿海地区淡水水源的解决，还可以为整个流域的水资源安全做出贡献。因为沿海地区利用海水淡化替代的常规水资源，可以转用于流域上游地区。例如，黄河河口地区以及山东半岛的海水淡化，可以减少这些地区对黄河水的依赖，从而可以为较靠近内陆的地区腾出部分黄河水；再如滦河流域沿海的唐山用海水淡化替代的水源，可以留给上游的承德利用。

另外，随着水域功能达标率的上升、原水水质的改善，因水质差而造成的高水加工成本会有降低趋势。

（五）总体评价

对 2030 年水资源安全的各项指标的评价和打分见表 5.4，综合得分见表 5.5。

表 5.4　2030 年中国水资源安全评价

约束条件	子约束	评价指标	定性评价	打分
水资源数量充足性	常年需水数量满足程度	总需水满足率	比现状有改善，很安全	99
		生活需水满足率	比现状有改善，很安全	98
		农业灌溉需水满足率	随着灌溉设施的水平提高，比现状有改善，很安全	98
		工业需水满足率	比现状有改善，很安全	99
	供水保证率	城镇供水保证率	平均水量保证率 95%以上，很安全	95
		农村生活供水保证率	保证率达到 90%以上，很安全	90
		灌溉用水保证率	年均保证灌溉的面积占总灌溉面积的 90%以上上，很安全	90
水质符合性	自然水体水质	河流水域功能达标长度比例	95%，很安全	95
		湖泊水域功能达标面积比例	95%，很安全	95
		近海水域功能达标率	95%，很安全	95
		城市饮用水水源达标率	99%，很安全	99
		农村饮用水水源达标率	95%，很安全	95
	供水水质	城镇自来水水质达标率	99%，很安全	99
		农村饮用水供水水质达标率	95%，很安全	95
		工业用水水质达标率	99%，很安全	99
		灌溉用水水质达标率	95%，很安全	95

续表

<table>
<tr><th>约束条件</th><th>子约束</th><th>评价指标</th><th>定性评价</th><th>打分</th></tr>
<tr><td rowspan="8">可持续性</td><td rowspan="2">水资源可持续性</td><td>当地水资源减少的可能性与幅度</td><td>全国多年平均水资源基本保持稳定，很安全</td><td>95</td></tr>
<tr><td>客水减少的可能性与幅度</td><td>国外入境客水基本稳定，很安全</td><td>95</td></tr>
<tr><td rowspan="3">开发利用可持续性</td><td>水资源过度开发率</td><td>根除过度开发，很安全</td><td>95</td></tr>
<tr><td>地下水超采率</td><td>不再有超采，很安全</td><td>95</td></tr>
<tr><td>有争议或未签协议水权占全部取用水权的比例</td><td>国际未定水权所占比例很少，很安全</td><td>95</td></tr>
<tr><td rowspan="3">水生态可持续性</td><td>生态需水满足率</td><td>最低生态需水有保证，很安全</td><td>99</td></tr>
<tr><td>因缺水引起的绿洲萎缩率</td><td>多年平均情况不发生萎缩，很安全</td><td>95</td></tr>
<tr><td>因缺水引起的湖泊萎缩率</td><td>多年平均情况不发生萎缩，很安全</td><td>95</td></tr>
<tr><td rowspan="7">成本可承受性</td><td rowspan="3">生活水价居民是否可以承受</td><td>生活用水水价与人均收入之比</td><td>保持很低水平，很安全</td><td>99</td></tr>
<tr><td>家庭水费支出占家庭可支配收入的比例</td><td>保持很低水平，普遍在2%以下，很安全</td><td>99</td></tr>
<tr><td>低收入人群水费补助率</td><td>低保政策全覆盖，保障水平合理，很安全</td><td>98</td></tr>
<tr><td rowspan="2">生产水价企业是否可以承受</td><td>水费占总生产成本的比重</td><td>水费占企业成本很低，很安全</td><td>98</td></tr>
<tr><td>生产水价与其他国家的比较</td><td>仍低于发达国家，很安全</td><td>95</td></tr>
<tr><td rowspan="2">供水成本社会是否可以承受</td><td>供水成本的国际比较</td><td>普遍低于发达国家，很安全</td><td>99</td></tr>
<tr><td>供水成本的经济增长弹性</td><td>供水成本的增长慢于人均收入的增长，很安全</td><td>95</td></tr>
</table>

表 5.5　2030 年中国水资源安全综合评价得分

<table>
<tr><th>子约束</th><th>子约束得分</th><th>约束条件</th><th>约束条件得分</th><th>综合得分</th></tr>
<tr><td>常年需水数量满足程度</td><td>98.83</td><td rowspan="2">水资源数量足够</td><td rowspan="2">95.25</td><td rowspan="10">96.16</td></tr>
<tr><td>供水保证率</td><td>91.67</td></tr>
<tr><td>自然水体水质</td><td>95.80</td><td rowspan="2">水质</td><td rowspan="2">96.40</td></tr>
<tr><td>供水水质</td><td>97.00</td></tr>
<tr><td>水资源可持续性</td><td>95.00</td><td rowspan="3">可持续性</td><td rowspan="3">95.67</td></tr>
<tr><td>开发利用可持续性</td><td>95.00</td></tr>
<tr><td>水生态可持续性</td><td>97.00</td></tr>
<tr><td>生活水价居民是否可以承受</td><td>98.50</td><td rowspan="3">成本与价格</td><td rowspan="3">97.33</td></tr>
<tr><td>生产水价企业是否可以承受</td><td>96.50</td></tr>
<tr><td>供水成本社会是否可以承受</td><td>97.00</td></tr>
</table>

从表 5.5 可以看出：到 2030 年，中国的水资源安全综合得分 96.16 分，达到很安全的水平；水资源数量、质量、可持续性和供水成本与价格分别得了 95.25、96.40、95.67 和 97.33 的高分，都将到达很安全的水平。

总之，通过实施最严格的水资源管理制度，有效控制需水，优化调配水资源，合理开发非常规水资源，切实防治水污染，中国水资源安全的水平可以比现状大幅度提高，可以达到很安全的水平。

参考文献

国家人口发展战略组. 2007. 国家人口发展战略研究报告. 北京：中国人口出版社. http://www.sachina.edu.cn/Htmldata/article/2007/02/1316.html.

国务院人口普查办和国家统计局. 2012. 中国 2010 年人口普查资料汇编. 北京：中国统计出版社.

刘润堂，许建中. 2002. 我国污水灌溉现状、问题及其对策. 中国水利，(10)：123-125.

齐中熙，雷敏. 2005. 建设部：2030 年中国人口将达 16 亿进入缺水高峰. http://news.xinhuanet.com/zhengfu/2005-06/08/content_3058923.htm.

张翼. 2005. 中国人口会达到 16 亿吗？——析当前我国人口变化的新特征新态势. 北京日报.

第六章　分流域水资源安全评价

本章按全国九大流域片来分别进行水资源安全评价：珠江流域片、长江流域片、淮河流域片、黄河流域片、海河流域片、松辽流域片、东南诸河片、西南诸河片、西北诸河片。流域片与独立流域稍有区别，或者就是一个独立的大流域，例如黄河流域片；或者是大流域与其附近的小流域所组成，例如，海河流域片就是海河流域与其北边的滦河流域和其南边的徒骇马颊河组成的；或者是由某个区域的中小流域所组成，例如东南诸河片由浙江、福建、台湾的众多流域所组成。这里采用的评价单元流域片与水利部下属的流域委员会管辖的范围保持一致，而与全国水资源区划中的一级区稍有区别。例如，珠江流域片包括划归珠江水利委员会管理的元江-红河流域，而在水资源区划中红河流域划在了西南诸河片；再如西南诸河片不包括元江-红河，但包括了属于西北诸河片的西藏部分，与此相适应，本章的西北诸河片不包括西藏部分。这样做的优点是可以方便利用各流域委员会的资料。有些流域机构只管理一个流域片，例如松辽水利委员会、海河水利委员会、淮河水利委员会和珠江水利委员会，长江水利委员会和黄河水利委员会则分别对应两个流域片，长江水利委员会对应长江流域片和西南诸河片，黄河水利委员会对应黄河流域和西北诸河片。而太湖流域管理局所在的太湖流域本身属于长江流域片，太湖流域管理局对应的流域片是东南诸河片。

一、珠江流域片水资源安全评价

珠江流域片位于我国最南端，包括珠江流域、韩江流域、粤东、粤西、桂南沿海诸河和海南岛及南海各岛诸河等水系，行政区域涉及滇、黔、桂、粤、湘、赣、闽、琼等8省（自治区）及港澳地区，总面积79.63万km^2。其中，元江-红河流域属于珠江流域片，而在全国水资源区划中则属于西南诸河片，不要混淆。

区内水资源丰富，据统计，珠江流域片多年平均水资源总量4737亿m^3，其中珠江流域水资源总量达3385亿m^3，在全国七大江河中排名第二，仅次于长江。人均水资源量2725m^3，耕地亩均水资源量2838m^3，远远高于全国平均水平。2010年，珠江流域片区域生产总值（GRP）为63 766.5亿元，约占全国的16%，经济地位举足轻重。

从总量上来看，现阶段珠江流域片的水资源能够很好地支撑该地区社会经济的快速发展，处于非常安全的态势。但是受地形和季风活动的影响，珠江流域片的水资源时空分布不均，存在局部地区特定时段水资源短缺、水生态环境恶化、河口咸潮上溯等问题，威胁人民群众的饮水安全和河湖等水环境的健康，制约社会经济的可持续发展。在空间上，珠江流域片多年平均径流深最高出现在东南部的桂南沿海，达到2500mm以上，最低的位于滇东南地区的蒙自、开远、建水一带，平均径流深仅50～150mm。在年内变化上，枯水期径流量仅占全年的11%～33%，最枯月（1月）的水量仅占全年水量的2%，多年平均月径流量极值比最高达66.4。水资源的年际变化也较大，东江区、海南区、韩江白莲以上区的梅江年极值比达5.5～9.0，其他地区极值比在2.0～5.0，并且往往出现连续丰水或连续枯水年的情况（姚章敏和闫少华，2012）。但考虑到珠江流域片水量总体丰沛并且开发利用潜力大的实际情况，水资源时空变异大的问题不会在水资源量上威胁该地区水资源安全的总体态势。

气候变化是影响区域未来水资源安全的重要因素。研究表明，在全球变暖的背景下，过去近50年珠江流域温度呈上升趋势，降水量呈减少趋势，未来50年流域温度仍呈上升趋势，而降水总体将呈现增加趋势（刘绿柳等，2009）。因此，在水资源总量上，珠江流域片在未来气候变化的背景下，仍然处于非常安全的态势。

珠江流域片水体水质总体情况尚好。2010年，珠江流域片全年总评价河长为22866km，Ⅰ～Ⅲ类水河长占评价总河长的71.8%，Ⅳ～Ⅴ类水河长占评价总河长的18.7%，劣Ⅴ类河长占评价总河长的9.5%，河流水质主要受到有机污染影响。2010年，在评价的592个水功能区中，达标水功能区仅占评价总数的42.1%。其中，河流类水功能区达标率为52.5%；湖泊类水功能区达标率为34.5%；水库类水功能区达标率为52.7%。局部地区污染严重。珠江三角洲、南北盘江二级区为水体污染相对严重的地区。2010年，城市水源地合格率仅为68.1%，农村地区农药、化肥及生活污水污染饮用水水源的情况比较普遍。随着流域上中游地区工业化进程加快，水污染进一步加剧，滇、黔、桂边界水污染事件频繁发生，且呈恶化趋势，已经成为流域内跨省（区）水污染事件的高发区。珠江三角洲地区水污染加剧，重要河段水质性缺水日趋严重，河口地区咸潮、赤潮频繁发生（2010年《珠江片水资源公报》）。因此，与水量相比，珠江流域片水质有不安全的风险，是制约该地区水资源安全的主要方面。

在水资源开发利用的可持续性方面，考虑到未来50年珠江流域降水量不会减少，可以推测该地区水资源量减少的可能性很小。而且，对于珠江流域片而言，绝大部分水资源都是本国独有，2010年入国境水量为58.7亿m^3，出国境水量为335.27亿m^3，流往东亚，出入境水量比例小，而且水资源总量丰富，中国基本上不存在与其他国家的水量冲突，在水权上具有很好的可持续性。

珠江流域片总体水资源开发利用程度较低，平均利用率为18.2%，远远低于国际公认的40%的合理限度，基本不存在地下水超采区域，开发利用的可持续性很强。

在水生态方面，流域开发活动的影响仅存在于局部地区，流域水生态总体上良好，但在局部地区存在着水土流失、河口赤潮等生态问题。现状条件下珠江的主流西江主要控制断面梧州站的生态用水保障程度为91%，基本满足生态用水要求。但是，梧州站压咸流量的保障率只有70.5%，难以满足河口压咸的需要。珠江流域上游地区水土流失现象较为严重部分地区已经发生“石漠化”。云南境内的高原湖泊是重要的水源地，由于围湖造田等人类活动的影响，使杞麓湖、阳宗湖、星云湖、异龙湖、抚仙湖等湖泊面积发生萎缩，蓄水量均有不同程度的减少（郑冬燕，2012）。

在水资源安全的成本评估方面，受我国水费总体偏低的大环境影响，珠江流域片的水价无论是在居民生活、工商业生产还是农业灌溉等领域均处在承受范围之内。由于水资源的稀缺性总体上低于北方，相比较而言供水成本的上升也不会影响当地社会经济的快速发展。因此，珠江流域片能够承受和消化水资源成本和价格上升带来的负面影响，处在非常安全的水平，但是需要注意对贫困家庭基本生活用水的保障。

基于上述分析，表6.1给出了现状年珠江流域片水资源安全的评价综合得分。在水资源安全的四个约束条件中，水资源数量、供水成本和价格、可持续性三个方面都处于非常安全的范围，得分分别是97.08、96和93.33；得分最低的是水质，仅为69.98，处在不太安全的范围。珠江流域片现状年综合得分为89.10，属于安全范围。

表6.1 现状年珠江流域片水资源安全评价综合得分（2010～2012年）

约束条件	约束条件得分	综合得分
水资源数量足够	97.08	89.10
水质	69.98	
可持续性	93.33	
成本与价格	96.00	

根据《珠江流域片水资源综合规划概要》（王秋生，2011），珠江流域片水资源可持续利用的战略目标是：保障饮水安全、经济用水安全、水环境安全，逐步构建以流域水资源配置工程为主体，以珠江三角洲及港澳地区、北部湾经济园区、西北江及东江干流中下游沿江经济带、云贵高原重点平坝经济区和东南沿海经济区为重点，实现流域内东、中、西部地区协调发展以及新农村建设相适应的流域和区域水资源合理配置格局，促进水资源与社会经济发展和生态环境的协调。到2030年，珠江流域片用水总量控制在950亿m^3以内，水资源开发利用率约在20%左右，主要江河水功能区水质达标率达98%以上，河流生态需水量保障率达90%以上。在水资源配置数量上，到2030年，珠江流域片河道外多年平均年供水总量936亿m^3，相当于河道外规划利用控制总量的52.3%；90%的枯水年份配置河道外总用水量1018亿m^3，相当于河道外规划利用控制量的99.4%。2030年配置河道内生态用水量1474亿m^3，相当于地表水资源量的31.3%。

基于以上分析对2030年珠江流域片水资源安全评价指标打分，计算综合得分，见表6.2。

表6.2 2030年珠江流域片水资源安全评价综合得分

约束条件	约束条件得分	综合得分
水资源数量足够	98.08	93.65
水质	85.25	
可持续性	94.44	
成本与价格	96.83	

2030年珠江流域片水资源安全的四个约束条件中，水资源数量、成本与价格、可持续性三个指标仍然都属于很安全的范围，得分分别是98.08、96.83和94.44，水资源数量、成本与价格的得分稍有提高。变化最大的是水质安全方面，由现状年的69.98提高到85.25，由不太安全的范围转变成安全的范围。2030年珠江流域片综合得分为93.65，由现状年的安全范围提高到很安全的范围。

二、长江流域片水资源安全评价

此次评价的长江流域片除了长江流域本身之外，还包括与长江-太湖水系相连的杭州湾北部沿海地区和长江口北部江苏省的一小部分。

长江流域地处我国中南部，水系发育，直接汇入长江的大小支流约七千余条，在江源区汇入干流的较大支流有当曲、楚玛尔河等；在上游汇入干流的主要支流，左岸有岷江、沱江、嘉陵江，右岸有乌江；在中游汇入的，左岸有沮漳河、汉江，右岸有清江、洞庭湖水系和鄱阳湖水系；在下游汇入的，左岸有皖河、滁河、巢湖水系，右岸有青弋江、水阳江、太湖水系和黄浦江。行政区域涉及青海、西藏、云南、四川、重庆、贵州、甘肃、湖北、湖南、江西、陕西、河南、广西、广东、安徽、江苏、上海、浙江、福建等19省（自治区、直辖市），流域面积约为180万km^2，约占全国总面积的1/5。

长江流域片水资源丰富，多年平均年降水量约1100 mm，折合年降水量为19370亿m^3，占全国年降水总量的31%。流域水资源总量为9958亿m^3，占全国水资源总量的35%，其中地表水资源量为9856亿m^3，约占水资源总量的99%，地下水资源量与地表水资源量的不重复计算水量约102.3亿m^3。流域多年平均产水系数为0.51，产水模数为56万m^3/km^2，均高于全国平均值。人均占有水资源量约2330m^3，单位国土面积水资源量为56万m^3/km^2，高于全国平均水平，是我国南水北调水资源配置的重要水源地。

据有关研究对1956～2000年同步降水和径流系列资料分析表明，长江流域降水略有增加，地表水资源量及水资源总量均增加3.6%。对于长江上、中、下游而言，中下游地区降水量、地表水资源量和水资源总量均增加，其中下游增加幅度较大；上游地区降水、地表水资源量和水资源总量变化不大。因此，推测长江流域片未来水资源量将会有增加的趋势。2011年长江流域片入海水量为6892亿m^3（不含淮河经长江入海水量），水资源可开发利用潜力较大，且不存在与其他国家的用水冲突，具有很好的可持续性。

水资源开发利用方面，自1997年以来，长江流域片总用水量呈缓慢上升趋势，其中生活和工业用水呈持续增加态势，而农业用水受气候影响上下波动、总量变化不明显。生活和工业用水占总用水量的比例逐渐增加，农业用水占总用水量的比例则逐渐减小。现状年，长江流域片水资源能够很好地支撑该地区社会经济的快速发展。2011年总供水量2009.2亿m^3，其中，地表水源供水量1922.0亿m^3，占总供水量的95.6%，地下水源供水量79.8亿m^3，占总供水量的4.0%；其他水源供水量7.4亿m^3，占总供水量的0.4%。2011年总用水量2009.2亿m^3，其中，生活用水占总用水量的13.6%，工业用水占总用水量的37.2%，农业用水占总用水量的48.4%，生态环境用水（指城市环境和河湖补水，不含河道内生态用水，下同）占总用水量的0.8%。2011年总耗水量851.1亿m^3，综合耗水率为42.4%。长江流域片水资源开发利用率目前仅为17.8%，低于全国平均水平。因此，长江流域片水资源开发利用可持续性处于非常安全的态势。

水质安全方面，长江流域片水体水质总体良好。根据2011年《长江流域及西南诸河水资源公报》，Ⅰ～Ⅲ类水河长占总评价河长的70.3%，劣于Ⅲ类水河长占总评价河长的29.7%。对162个省界断面进行水质评价，全年水质为Ⅰ～Ⅲ类的断面占评价断面总数的77.8%，对56个湖泊和89座水库进行水质状况评价，全年水质为Ⅰ～Ⅲ类的湖泊和水库分别占33.9%和91.0%；对56个湖泊和89座水库进行营养状况评价，其中66.1%的湖泊和13.5%的水库呈中、轻度富营养状态。对255个重点水功能区进行水质达标评价，全年期按水功能区个数评价，个数达标率为57.3%。长江流域片的湖（库）水富营养化有加重的趋势，局部地区水生态环境破坏严重。2011年长江流域片废污水排放总量为342.1亿t，其中生活污水114.8亿t，占污水排放总量的33.6%，工业废水227.3亿t，占污水排放总量的66.4%。排污主要集中在太湖水系、洞庭湖水系、湖口以下干流、鄱阳湖水系、宜昌至湖口、汉江和宜宾至宜昌，占流域废污水排放量的81.3%。随着社会经济快速发展，大量污废水排入江河加重水污染，干流沿江城市近岸水域和少数支流污染未能得到遏制，水生态、水环境安全面临严重威胁。国家重点治理对象滇池、巢湖等湖泊水质仍无明显好转。

在水资源安全成本方面，由于长江流域片水资源量丰沛，水的稀缺性较我国北方干旱区要低，水费价格总体上偏低，居民生活、工业生产、农业灌溉等领域均处在承受范围之内。相比较而言供水成本的上升也不会影响当地社会经济的快速发展。因此，长江流域片水资源成本处于非常安全的水平。

基于上述分析，对现状年长江流域片水资源安全的水资源数量、水资源质量、开发利用的可持续性和供水成本四个约束条件进行评价：供水成本及价格得分最高，得分95.67，属于很安全的范围；其次为水资源数量得分94.33，水资源较丰富，属于很安全的范围；再次是可持续性，得分87.33，属于安全的范围；得分最低的是水质，得分只有71.63，长江流域片总体水质良好，属于较安全范围。综合得分87.24，属于安全的范围。现状年长江流域片水资源安全评价结果见表6.3。

表6.3　现状年长江流域片水资源安全评价综合得分（2010～2012年）

约束条件	约束条件得分	综合得分
水资源数量足够	94.33	87.24
水质	71.63	
可持续性	87.33	
成本与价格	95.67	

根据《长江流域水资源综合规划2012～2030年》[①]，到2030年，基本实现水资源高效利用；初步建成节水型社会，流域用水总量控制在2348亿m^3，水资源开发利用率达到30%左右；基本建成流域和区域配置合理、高效利用的水资源保障体系，进一步提高抗旱减灾能力，满足人民生活水平提高、社会经济发展和生态环境保护的用水需求；全面维系优良水生态环境，流域内水功能区主要控制指标达标率达到95%以上；河流生态系统呈良性发展；水土流失严重地区实现基本治理。

据此判断，2030年长江流域片水资源安全水平会比现状有所提高（表6.4）。在水资源安全的四个约束条件中，供水成本和价格得分仍然最高，得分96.67，属于很安全

① 胡亚利．2013．长江流域水资源综合规划（2012～2030年）．水利部长江水利委员会．http://www.mwr.gov.cn/ztpd/2013ztbd/2013kqjhkfzlbhxpz/lyxj/chly/.

的范围；其次水资源数量，得分95.08；再次是可持续性，得分92.83，属于很安全的范围；得分最低的是水质，得分为83.68，较现状年有大幅度提高，提高到安全范围。综合得分92.06，进入很安全等级。

表6.4　2030年长江流域片水资源安全评价

约束条件	约束条件得分	综合得分
水资源数量足够	95.08	92.06
水质	83.68	
可持续性	92.83	
成本与价格	96.67	

三、淮河流域片水资源安全评价

淮河流域片包括淮河流域和山东半岛沿海诸河，位于我国中东部，介于长江和黄河之间，地跨湖北、河南、安徽、江苏和山东五省，总面积约33万km^2。其中，淮河流域面积约27万km^2，山东半岛面积约6万km^2。淮河流域片多年平均（1956～2000年）水资源总量为911.4亿m^3，其中，地表水资源量677.0亿m^3。2011年作为平水年，淮河流域片水资源总量为892.5亿m^3，地表水资源量643.3亿m^3，地下水资源量为399.0亿m^3（2011年《淮河流域片水资源公报》）。

淮河流域片人口众多，是我国重要的粮食主产区、能源和制造业基地，水资源较为缺乏，且存在着水资源时空分布不均以及人口、水土资源分布不匹配等问题，水资源短缺将是该地区长期面临的趋势。淮河流域片人均水资源量623m^3，亩均水资源量约421m^3，均远远低于我国平均水平。在空间上，淮河流域地表水资源的特点为山区大、平原小，南部大、北部小，沿海大、内陆小。占流域80%以上耕地、人口和经济的淮北地区，仅拥有流域68%的地表水资源。山东半岛地表水资源的特点则是南部大、北部小，东部大、西部小，相差2～6倍。在时间上，由于地处我国南北气候过渡带，淮河流域片降雨的时间分布很不均匀，无论是年内还是年际变化都很剧烈。年内降雨主要集中在汛期，6～9月径流量占全年径流量的60%～80%；年际最大与最小降雨比、径流比分别是2～6倍和5～30倍。在水资源的开发利用上，淮河流域片对当地水资源的开发利用率较高。2011年淮河流域片地表水开发利用率为73.7%，平原区浅层地下水开发利用率为35.8%，地表水开发利用率已远远高于公认的合理化界限。

水资源质量是区域水资源安全的另一个重要方面，淮河流域片水污染问题仍然比较突出。2011年，淮河流域片全年总评价河长为22085km，Ⅰ～Ⅲ类水河长占评价总河长的38.5%，Ⅳ～Ⅴ类水河长占评价总河长的38.6%，劣Ⅴ类河长占评价总河长的22.9%；山东半岛全年总评价河长为2484km，无Ⅰ类水，Ⅱ～Ⅲ类水河长占评价总河长的34%，Ⅳ～Ⅴ类水河长占评价总河长的28.7%，劣Ⅴ类河长占评价总河长的37.3%。2011年，淮河流域片对348个重要河流湖泊水功能区进行了水质评价，综合评价有96个水功能区水质达标，占27.6%；评价河长达标长度比例为26.1%，评价湖泊达标面积比例为12.7%。地表水整体上水质较差，水污染使部分水体功能下降甚至丧失，加剧了淮河流域片水资源供需矛盾，威胁水资源安全。在城市饮用水地表水源地水质调查中，共对85个饮用水地表水源地进行了评价，全年水质合格次数比例在80%以上的占57.6%；水质合格次数比例介于80%～50%的占22.4%，水质合格次数比例在50%以下的占20.0%（2011年《淮河流域片水资源公报》）。

在水资源开发利用的可持续性方面，大多数全球气候模型（climate global models CGMs）模拟结果表明，未来淮河流域气候将趋于暖湿（高歌等，2008），尽管不排除该区域未来水资源量减少的可能，但水资源大量减少的可能性应该不大。而且，对于淮河流域和山东半岛而言，全部的水资源都是我国独有，不存在与其他国家的水量冲突，在水权上具有很好的可持续。另外，一系列跨流域调水工程的实施，也会在一定程度上解决该地区的水资源短缺问题，为未来的水资源供给提供相当大程度的支撑，这些工程包括南水北调东线和中线工程、安徽省“引江济淮”工程和江苏省“引江工程”等。尽管如此，淮河流域片水资源在可持续性方面仍面临严峻挑战，主要表现在以下几个方面。第一，淮河流域片2011年的流域平均地表水开发利用率为73.77%，远远超过了国际公认的合理界线，本地地表水资源开发利用的潜力不是很大；第二，地下水开发利用率也相对较高，局部地区超采严重。2011年淮河流域片地下水降落漏斗共有10处，年末总面积13732km^2。大城市地下水超采严重，致使地下水位下降，形成了地下水降落漏斗，严重影响了水资源的正常循环；第三，水污染严重，水生态恶化问题突出。总体来看无论是在地表水还是地下水方面，淮河流域片水质整体较差。淮河流域和山东半岛已有多条河流出现断流，而且近几年断流问题日趋严重，甚至2012年淮河源头和上游都出现了断流。

在水资源安全的成本评估方面，受我国水费总体偏低的大环境影响，淮河流域片的水价无论是在居民生活、工商业生产还是农业灌溉等领域均处在承受范围之内，供水成本的上升也不会影响当地社会经济的健康发展。因此，淮河流域片能够承受和消化水资源成本和价格上升带来的负面影响，处在非常安全的水平，但是需要注意对贫困家庭基本生活用水的保障。

基于上述分析，表6.5给出了现状年淮河流域片水资源安全的评价得分。在水资源安全的四个约束条件中，只有成本与价格、水资源数量两个指标处于很安全的范围，得分分别为95.17和92.25；可持续性处于安全的范围，得分为86.68；得分最低的是水质，仅为61.75，处在不太安全的范围。淮河流域片现状年综合得分为83.96，属于安全范围。

表6.5　现状年淮河流域片水资源安全评价综合得分（2010～2012年）

约束条件	约束条件得分	综合得分
水资源数量足够	92.25	83.96
水质	61.75	
可持续性	86.68	
成本与价格	95.17	

根据《淮河流域及山东半岛水资源综合规划概要》，2030 年平水年、一般枯水年基本满足社会经济对水资源的需求，水生态系统和生态功能恢复取得显著成效，实现水资源的可持续利用。2030 年淮河流域片多年平均河道外需水量为 761.6 亿 m^3，多年平均可供水量为 753.8 亿 m^3，多年平均供需缺口将缩小至 1%，基本实现水资源供需平衡。在用水效率方面，淮河流域片远期的万元国内生产总值用水量降到 $58m^3$ 以下，农田灌溉水利用系数提高到 0.61，以满足三条红线的取水量控制要求，将取用水总量控制在 754 亿 m^3 以内，保证河道内生态用水的需求。在水污染治理方面，按照三条红线的排污负荷总量控制要求，规划提出了水功能区限制排污总量指标，到 2030 年实现水功能区水质全面达标（王翔，2011）。

基于以上分析对 2030 年淮河流域片水资源安全评价指标打分，计算综合得分，结果见表 6.6。与现状年相比，到 2030 年淮河流域片水资源安全的四个指标得分均有提高。在水资源安全的四个约束条件中，成本与价格、水资源数量两个指标仍然都属于很安全的范围，得分分别是 96.00 和 95.50；可持续性指标略有提高，为 89.24，处于安全范围，接近很安全的范围；水质指标有了很大的提升，为 80.90，由现状年的不太安全范围转变为安全范围。2030 年淮河流域片综合得分为 90.41，属于很安全范围。

表 6.6　2030 年淮河流域片水资源安全评价综合得分

约束条件	约束条件得分	综合得分
水资源数量足够	95.50	90.41
水质	80.90	
可持续性	89.24	
成本与价格	96.00	

四、黄河流域片水资源安全评价

黄河流域片横贯我国东西，大部分区域位于我国西北部，流域（包括黄河内流区）总面积 79.5 万 km^2，行政区涉及青海、四川、甘肃、宁夏、内蒙古、陕西、山西、河南、山东等 9 省（区）。

黄河流域片处于干旱半干旱地区，多年平均降水量 478mm，多年平均天然河川径流量 535 亿 m^3，年径流量仅占全国的 2%。水资源总量为 647 亿 m^3，人均水量为全国平均水平的 23%，水资源相对贫乏，且河川径流年际、年内变化大，地区分布不均，62%的水量来自兰州断面以上。随着全球气候变暖，流域大部分地区呈干化趋势，天然河川径流量明显减少，水资源供需矛盾日趋尖锐。有关研究表明，黄河中下游地区年降水量在逐渐减少，其中下游地区降水量减少显著。1986 年以来，黄河流域片降水量显著偏小，与 1956～1985 年均值相比，1986～2000 年全流域平均年降水量减少了 8.3%。与此同时，用水量却在逐渐增加，1956～2000 年，黄河流域片地表水平均年用水量为 248.1 亿 m^3，1956～1979 年平均年用水量为 205.8 亿 m^3，1980～2000 年平均年用水量为 296.4 亿 m^3，与 1956～2000 年相比，1980～2000 年耗水量增加 90.6 亿 m^3，增幅达 44%。龙羊峡至兰州、河口镇至龙门以及花园口以下区域增加幅度甚至达到 80%以上。

水资源开发利用方面，黄河流域片水资源开发利用促进了流域及相关地区社会经济发展。目前建成大量的蓄水、引水、提水、机电井等工程，以及“引黄济青”“引黄济津”等跨流域调水工程。作为我国西北、华北的重要水源，黄河以其占全国河川径流2%的有限水资源，承担着占全国12%的人口、13%的粮食产量、14%的GDP及50多座大中城市、420个县（旗）城镇的供水任务，同时还要向流域外部分地区供水，在保障流域及相关地区供水安全和饮水安全、改善区域生态环境等方面发挥了重要作用，促进了相关地区的社会经济发展。根据2012年《黄河流域水资源公报》，2012年黄河流域取水量为523.60亿m^3（含跨流域调出的地表水量），其中地表水取水量392.97亿m^3，占总取水量的75.1%；地下水取水量130.63亿m^3，占总取水量的24.9%。总耗水量为419.12亿m^3，其中地表水耗水量323.30亿m^3，占总耗水量的77.1%；地下水耗水量95.82亿m^3，占总耗水量的22.9%。流域外黄河地表水取水量为112.53亿m^3，全部消耗。全年入海水量276.90亿m^3。

黄河流域片水资源开发利用程度比较高，2012年黄河流域片水资源开发利用率（年取水量/多年平均水资源量）达到80%，远超过国际上普遍认为的不宜超过40%的临界。黄河在20世纪90年代曾出现长历时、远距离断流，1997年断流天数达到226天，断流河长达704km，给河流生态、沿岸地区生活生产造成严重损害。后来经过实施流域统一调度，实现了黄河不断流的目标，但流域缺水的局面并没有改变。水质安全方面，黄河流域片水污染防治和水生态环境保护任重而道远。2012年，黄河流域片废污水排放量为44.74亿t，其中城镇居民生活、第二产业、第三产业分别为12.38亿t、28.03亿t、4.33亿t，分别占27.7%、62.6%和9.7%。全流域片水质评价河长20545.3km，其中Ⅰ～Ⅲ类、Ⅳ～Ⅴ类、劣Ⅴ类水质河长分别为11393.1km、3521.4km、5630.8km，分别占全流域水质评价河长的55.5%、17.1%、27.4%。全流域评价省界断面75个，其中38个省界断面达到水质目标要求，占评价省界断面的50.7%。年平均符合Ⅰ类、Ⅱ类水质标准的断面占评价省界断面的24.0%，符合Ⅲ类水质标准的断面占评价省界断面的18.7%，符合Ⅳ类、Ⅴ类水质标准的断面分别占评价省界断面的18.7%、5.3%，劣于Ⅴ类水质标准的断面占评价省界断面的33.3%。全流域评价地表水功能区256个，对应河长12 756.7km；参与达标评价水功能区230个，达标126个，达标率为54.8%；参与达标评价河长12 374.0km，达标河长7587.0km，达标率为61.3%。全流域参与评价重要城市供水水源地（饮用水）15处，其中11处水源地年均水质类别符合集中式生活饮用水地表水源地要求的，占73.3%。水质不安全风险存在是制约该地区水资源安全的一个主要方面。

黄河流域片现状浅层地下水超采量及深层地下水开采量约22亿m^3，太原、西安等地区形成降落漏斗，引起一系列环境地质问题。现状全流域实际总缺水量约95亿m^3，严重制约着社会经济的持续发展。

黄河流域片的供水成本在全国是比较高的。原因是供水工程的扬程很高，增大了供水成本。例如甘肃省景泰川电力提灌工程（最高扬程达到713m），宁夏固海扬黄电力提灌工程（总扬程为382.47m）、陕甘宁接壤区的“盐环定扬黄”工程（扬程超过350m）、山西“引黄入晋”工程（扬程600多米），普遍因水价低而成本高而出现了亏损，甚至一些工程因成本太高而难以正常运行。因此，黄河流域片的供水成本高已对水资源安全构成一定威胁。一方面在新建供水工程时必须充分考虑用户的水价承受能力；另一方面应努力提高工程管理水平、降低运行成本。

基于上述分析，对现状年黄河流域片水资源安全进行评价。黄河流域片水资源安全的四个约束条件中，供水成本与价格得分最高，得分 89.50，属于安全的范围；其次可持续性，得分 85.97，也属于安全的范围；再次是水资源数量，得分 81.58，属于安全的范围；得分最低的是水质，得分只有 68 分，属于不太安全。综合得分 81.26，属于较安全的范围。现状年黄河流域片水资源安全评价得分见表 6.7。

表 6.7　现状年黄河流域片水资源安全评价综合得分（2010～2012 年）

约束条件	约束条件得分	综合得分
水资源数量足够	81.58	81.26
水质	68.00	
可持续性	85.97	
成本与价格	89.50	

以上的打分结果表明，现状年黄河流域片水资源数量总体是安全的，总体上水资源可利用量可以满足需求量，供水保证了社会经济的快速发展；黄河流域片水质状况较差，水污染是水资源安全的最大威胁；现状年黄河流域片水资源开发过度、地下水超采、水生态退化等相关可持续性局部地区问题明显；供水价格、供水成本基本在可承受的范围，但一些高扬程供水工程成本高已经超出了一般用户的承受能力。

根据《重点流域水污染防治规划 2011～2015 年》[①] 目标，到 2015 年黄河中上游流域水质总体由中度污染改善为轻度污染，50.9%的规划断面水质达到或优于Ⅲ类水质；城镇集中式饮用水水源地水质达Ⅲ类标准；黄河干流水质稳定达到Ⅲ类；湟水河、乌梁素海总排干、大黑河、涑水河、渭河、伊洛河等主要支流主要指标消除劣Ⅴ类；汾河 3 个劣Ⅴ类水质断面污染物浓度大幅降低。黄河中上游流域化学需氧量（工业和生活）排放量控制在 99.4 万 t，比 2010 年削减 8.4%；氨氮（工业和生活）排放量控制在 13.5 万 t，比 2010 年削减 9.8%。农业源化学需氧量排放量控制在 79.1 万 t，比 2010 年削减 6.6%；农业源氨氮排放量控制在 3.4 万 t，比 2010 年削减 6.3%，水质安全总体将有所提高。

根据《黄河流域水资源综合规划》[②]，到 2030 年，黄河流域片水资源利用效率接近全国先进水平，灌溉水利用系数提高到 0.61，流域工程节水灌溉面积占有效灌溉面积的比例达到 90%。完善流域抗旱减灾体系，适时推进南水北调西线工程建设，初步缓解水资源供需矛盾。流域水功能区全部达到水质目标要求，黄河重要水生态保护目标的生态环境用水基本保证。适宜治理的水土流失区得到初步治理，水利水保措施年均减少入黄泥沙达到 6.0 亿～6.5 亿 t。

通过对 2030 年黄河流域片水资源安全评价指标进行打分，水资源安全的四个约束条件中，供水成本与价格得分仍然最高，得分 88.67，属于安全的范围；其次可持续

① 环境保护部、国家发展改革委、财政部、水利部.2012 年．全国重点流域水污染防治规划（2011～2015 年）.

② 水利部黄河水利委员会.2013.《黄河流域水资源综合规划》（2012～2030 年）概要.

性，得分 87.92，也属于安全的范围；再次是水资源数量，得分 87.00，属于安全的范围；得分最低的是水质，得分只有 75.75，较现状年有所提高，提高到较安全范围。综合得分 84.83，较现状年有明显提高，属于安全的范围。2030 年黄河流域片水资源安全评价得分见表 6.8。

表 6.8　2030 年黄河流域片水资源安全评价综合得分

约束条件	约束条件得分	综合得分
水资源数量足够	87.00	84.83
水质	75.75	
可持续性	87.92	
成本与价格	88.67	

五、海河流域片水资源安全评价

海河流域片指海流流域水利委员会管理的区域，除了海河水系之外，还包括海河之北的滦河水系和海河之南的徒骇马颊河水系。海河流域片位于黄河以北、太行山之东，东临渤海，北接内蒙古高原，地跨北京、天津、河北、山西、山东、河南、内蒙古和辽宁等 8 个省（自治区、直辖市）。流域总面积 31.82 万 km^2，占全国总面积的 3.3%。其中，海河水系是主要水系，由北部的蓟运河、潮白河、北运河、永定河和南部的大清河、子牙河、漳卫河组成；滦河水系包括滦河及冀东沿海诸河；徒骇马颊河水系位于流域最南部，为单独入海的平原河道。

海河流域片人口、粮食产量占全国 10%，GDP 占全国的比重达 12%，但水资源总量 372 亿 m^3，仅占全国水资源总量的 1.3%，人均水资源占有量仅 300m^3，只有全国平均水平的 1/7。因为资源的限制，加上水资源利用效率的提高，海河流域片的用水量已经从 1998 年的 420 亿 m^3 下降到目前的 370 亿 m^3 左右。不过，尽管海河流域片水资源紧缺，但经济发展速度仍然很快，粮食产量仍在提高，说明海河流域片做到了用更少的水支撑了更大的经济规模、生产了更多的粮食（Jia，2012；Jia et al.，2012）。因此，海河流域片的缺水并没有严重影响其社会经济发展，反过来应可以下判断：水量的供给基本满足了社会经济发展的需要。

根据《2012 年海河流域片水资源公报》，2012 年海河流域片废污水排放总量为 53.63 亿 t，其中工业和建筑业排放 25.46 亿 t，城镇居民排放 15.63 亿 t，第三产业排放 12.54 亿 t。在评价总河长 14952.5km 中，Ⅰ～Ⅲ类水河长占评价总河长的 34.6%，Ⅳ～Ⅴ类水河长占评价总河长的 19.3%，劣Ⅴ类河长占评价总河长的 46.1%。可见超过六成河段达不到饮用水标准，接近一半河段连农用水标准都达不到。

根据最新的《海河流域片水资源质量公报（2013 年全年总结）》，所评价的海河流域片 75 个重点水功能区中，水质达标的只有 29 个，占评价水功能区总数的 38.7%，不达标的有 46 个，占评价水功能区总数的 61.3%。其中，在监测的 9 个水源区中，只有 4 个达标；在 7 个农业用水区中只有 2 个达标。在参加评价的 59 个省界断面中，Ⅰ～Ⅲ类水质断面有 16 个，占评价断面的 27.1%；Ⅳ～Ⅴ类水质断面有 6 个，占评价断面的10.2%；劣于Ⅴ类水质断面有37个，占评价断面的62.7%。

海河流域片的河流分别注入辽东湾、渤海湾和莱州湾，这几个海湾的水质都已被严重污染，列于第四类海洋水质标准。

显然，海河流域片的水质对水资源安全构成了直接的威胁。

海河流域片水资源安全的可持续性也存在严峻的挑战。首先，由于气候变化和人类活动的影响，用1955～2000年水文系列评价的海河流域片水资源总量只有372亿m^3，比原来用1955～1979年水文系列评价的419亿m^3，减少了47亿m^3，减少幅度达11.2%，是全国各大流域中减少幅度最大的。其次，2010年海河流域片当地水资源开发利用率达到80%，在年均引用黄河水约40亿m^3的情况下，地下水累计超采约1200亿m^3，年均超采40亿m^3。这显然是不可长期持续的，也造成了“有河皆干”、湿地消亡、地面沉降的生态和地质环境灾害。

海河流域片供水的边际成本大幅度提高，也给水资源安全带来一定风险。目前海河流域片已修通了南水北调东线和中线，南水北调建成后，可以用调来的水替代超采的地下水。但南水北调供水成本较高，南水北调到北京的原水成本估计达到6元/m^3，只有经济效益好的高附加值产业才能承受如此高的供水成本。因此，高昂的供水成本对海河流域片的水资源安全也是一个考验。

采用第五章的水资源安全评价指标体系打分办法，对现状年海河流域片水资源安全进行评价，结果如表6.9所示。可以看出，海河流域片水资源数量、可持续性和成本与价格的得分达不到90分以上的很安全的级别，都在80～90分，属于5个评价等级的第二级：“安全”；而水质则只有63.13分，属于“不安全”的级别；综合得分80.85，刚刚达到“安全”的级别。

表6.9　现状年海河流域片水资源安全评价综合得分（2010～2012年）

子约束	子约束得分	约束条件	约束条件得分	综合得分
常年需水数量满足程度	89.00	水资源数量	87.83	80.85
供水保证率	86.67			
自然水体水质	55.00	水质	63.13	
供水水质	71.25			
水资源可持续性	95.05	可持续性	82.93	
开发利用可持续性	80.00			
水生态可持续性	73.75			
生活水价居民是否可以承受	92.00	成本与价格	89.50	
生产水价企业是否可以承受	96.50			
供水成本社会是否可以承受	80.00			

未来海河流域片的水资源变化趋势，可能是温度升高、降水增加，水资源也会略有增加（夏军等，2011）。而且海河流域片从20世纪80年代以来一直处于偏枯的水文周期，按照丰枯轮替的规律，未来20年很可能是降水偏丰的时期，纵然降水不会转丰，进一步减少的可能性非常小。

根据国务院新近批准的《海河流域片综合规划（2012～2030年）》，到2020年，流域城乡供水和农业灌溉能力显著增强，城乡居民生活用水全面保障；流域主要河流和重要湿地最小生态水量得到保障，饮用水水源区水质全面达标，地下水超采基本遏制，重点区域水土流失得到控制。到2030年，节水型社会基本建成，供水安全有效保障；水生态环境恶化趋势基本遏制并有所改善，水功能区水质全面达标，地下水总体实现采补平衡；流域综合管理现代化基本实现。

海河流域片只要出现降水转丰和南水北调建成后按规划调水这两个条件中的任何一个，海河流域片的地下水超采就会停止，地下水位会由停止下降转而上升（吕晨旭等，2010；Jia，2012；Jia et al.，2012）。

海河流域片水资源安全的另一个利好条件是世界海水淡化的成本长期以来一直呈现下降趋势，目前海水淡化的先进水平已经做到了5元/t以下。这实际上已经低于京津地区以南水北调为水源的自来水成本（贾绍凤，2009）。随着经济发展水平的提高、支付能力的增强，即使海水淡化的成本不再继续下降，沿海地区利用海水淡化提供生活和工业用水，将是非常可行的方案。

我们判断：随着南水北调工程的建成和沿海地区海水利用的发展，海河流域片的水资源数量保证程度会提高，水质安全会得到改善，水资源安全的可持续性会得到加强；同时，随着海水淡化技术的进步所带来的海水淡化成本的降低，而经济发展水平还将进一步提高，社会对供水成本的承受能力会不断增强。综合而言，2030年海河流域片的水资源安全程度会比现状明显提高。

2030年海河流域片水资源安全评价得分情况见表6.10。

表6.10　2030年海河流域片水资源安全评价综合得分

子约束	子约束得分	约束条件	约束条件得分	综合得分
常年需水数量满足程度	94.67	水资源数量	92.33	91.54
供水保证率	90.00			
自然水体水质	89.00	水质	89.50	
供水水质	90.00			
水资源可持续性	95.05	可持续性	90.99	
开发利用可持续性	91.67			
水生态可持续性	86.25			
生活水价居民是否可以承受	94.50	成本与价格	93.33	
生产水价企业是否可以承受	96.50			
供水成本社会是否可以承受	89.00			

六、松辽流域片水资源安全评价

这里松辽流域片指松辽流域水利委员会管理的区域，地处我国东北地区，包括松花江、辽河、沿黄渤海诸河及鸭绿江、图们江、绥芬河、乌苏里江、黑龙江等国境河流（中国侧）流域，行政区划包括黑龙江、吉林、辽宁三省和内蒙古自治区东部四盟（市）及河北省承德市部分地区，总面积124.9万km^2，以松辽分水岭为界分成松花江区和辽河区，其中松花江区为93万km^2，辽河区31万km^2。

区内水系较为发达，多年平均水资源总量为1717.99亿m^3，其中松花江区水资源总量1254.36亿m^3，辽河区水资源总量498.1亿m^3。按2011年人口计算，松辽流域片人均水资源量1325.11m^3，亩均水资源量约580m^3，均低于我国平均水平。区内水资源平均开发利用率为44.3%，已超出国际公认的40%的临界。

在空间上，松辽流域片水资源的空间分布呈现“东多西少”、“边缘多、腹地少”的特点，使得需水量较大的松嫩平原、三江平原和吉林省中部城市群水资源相对较少且年内分配不均；辽河上游的西辽河流域开发利用率为74.96%，过高的水资源开发利用率已造成河道断流、地下水位下降、土地沙漠化；辽河中下游地区，城市集中，其开发利用率为95.71%，水资源供需矛盾突出。

在时间上，一年的径流量最主要以洪水出现，7～9月径流量占全年径流量的60%～80%，而本区农业灌溉用水的50%以上集中在4～6月；径流量的年际变化也很大，嫩江、松花江最大径流量是最小径流量的4～9倍，经常出现连续枯水年和连续丰水年的情况（党连文，2011a）。

为缓解辽中南城市群和辽西北阜兴、铁岭地区的水资源供求矛盾，辽宁省规划了“东水西调”工程，从水资源较丰富的鸭绿江流域调水到辽河流域。其中为辽中南城市群供水的大伙房输水工程已基本建成，为辽西北地区供水的辽西北供水工程正在建设。与此同时，内蒙古为解决境内西辽河流域缺水问题，规划了北水南调“引绰济辽”工程，从嫩江的支流绰尔河调水到西辽河。这些工程的实施可以基本解决辽河流域城市缺水的问题。

松辽流域片江河水质污染比较严重，尤其是辽河区。2011年，松花江区全年总评价河长为10945.7km，Ⅰ～Ⅲ类水河长占评价总河长的62.2%，Ⅳ～Ⅴ类水河长占评价总河长的21.4%，劣Ⅴ类河长占评价总河长的16.4%；辽河区全年总评价河长为3831.6km，Ⅰ～Ⅲ类水河长占评价总河长的35.8%，Ⅳ～Ⅴ类水河长占评价总河长的33.0%，劣Ⅴ类河长占评价总河长的31.2%。2011年，松辽区共评价了287个水功能区，个数达标率仅为31.4%。其中，松花江区共评价了126个水功能区，达标水功能区仅占评价总数的32.5%，河长达标率为33.1%；辽河区共评价了161个水功能区，达标水功能区仅占评价总数的30.4%，河长达标率为31.2%。城市饮用水地表水源地水质方面，2011年松花江区共评价了12个水源地，全年水质合格率大于60%的水源地为9个。地下水水质方面，松花江流域平原区地下水Ⅳ类水质面积0.86万km^2，Ⅴ类水质面积6.19万km^2，合计占松花江区平原区面积的23%，主要位于嫩江和松花江二级区内；辽河流域平原区地下水Ⅳ类水质面积2.29万km^2，Ⅴ类水质面积5.97万km^2，合计占辽河流域平原区面积的84%，主要位于西辽河、东辽河、辽河干流、浑太河内

(2011 年《松辽流域片水资源公报》)。

在水资源开发利用的可持续性方面，有关研究通过分析松辽流域片近 50 年的降水量变化规律发现，松辽流域片年降水量整体呈下降趋势，降水量变化基本呈现 30 年左右和 12 年左右丰枯交替的变化周期，预计未来 6～10 年松辽流域片大部分区域逐渐进入一个多雨阶段（郭志辉，2011），由此推测未来松辽流域片当地水资源量大量减少的可能性不大。但松辽区有黑龙江、乌苏里江、图们江、鸭绿江等多条界河和克鲁伦河、哈拉哈河、绥芬河等跨界河流，而且还没有水资源分配协议，一定程度上存在发生争议的潜在可能。但可能争议的水量占水资源总量的比例很低，在水权上仍具有较好的可持续性。尽管如此，松辽流域片水资源在可持续性方面仍面临严峻挑战，主要表现在以下几个方面。第一，2011 年松辽流域片的平均水资源开发利用率为 44.3%，超过了国际公认的合理界限，而且在局部城市集中区已经高达 90%，随着人口增长、社会经济发展和人民生活水平的提高，全社会对水资源的需求还会升高，松辽流域片在水资源量上将面临更为严峻的问题；第二，松辽流域片地下水开发利用率较高，局部地区超采严重。2011 年松辽流域片地下水开采量占总供水量的 44.1%，大城市所在的地下水超采严重，致使地下水位下降，形成了地下水降落漏斗，严重影响了水资源的正常循环；第三，水污染严重，水生态恶化问题突出。总体来看无论是在地表水还是地下水方面，松辽流域片水质整体较差。辽河流域片已有多条河流出现断流，而且近几年断流问题日趋严重。河流出境水量的减少，造成了河口萎缩，同时来水量的减少也造成辽河流域湿地面积萎缩，湿地面积与 20 世纪 50 年代初相比萎缩近 10%，松花江流域沼泽湿地面积更是减少了约 40%。除此之外，土地沙化和水土流失问题也比较严重（党连文，2011a，2011b）。

在水资源安全的成本约束方面，受我国水费总体偏低的大环境影响，松辽流域片的水价无论是在居民生活、工商业生产还是农业灌溉等领域均处在承受范围之内。与黄河流域一些工程的高扬程取水和海河流域的超远距离跨流域调水相比，松辽流域片的供水成本尽管也在上升，例如辽宁东水西调的成本和内蒙古北水南调的成本均高于普通的当地供水工程，但仍属于较低水平，不会影响当地社会经济的健康发展。因此，松辽流域片能够承受和消化水资源成本和价格上升带来的负面影响，处在非常安全的水平。

基于上述分析，表 6.11 给出了现状年松辽流域片水资源安全的评价得分。在水资源安全的四个约束条件中，水资源数量、成本与价格、可持续性这三个指标都处于很安全的范围，得分分别是 95.75、95.17 和 90.11；得分最低的是水质，仅为 67.70，处在不太安全的范围。现状年松辽流域片水资源安全评价综合得分为 87.18，属于安全范围。

表 6.11　现状年松辽流域片水资源安全评价综合得分（2010～2012 年）

约束条件	约束条件得分	综合得分
水资源数量足够	95.75	87.18
水质	67.70	
可持续性	90.11	
成本与价格	95.17	

松辽流域片不仅是我国重要的工业基地，也是我国主要的粮食基地、牧业基地和林业基地，在我国国民经济发展中具有总要地位。根据《松花江流域水资源综合规划概要》和《辽河流域水资源综合规划概要》，2030 年，松花江流域人口将达到 6093 万，GDP 总量将达到 54 446 亿元（2000 年可比价）；灌溉面积将达到 8009.4 万亩；辽河流域 2030 年人口将达到 3721.81 万人，GDP 总量将达到 37337.48 亿元（2000 年可比价）；灌溉面积将达到 3063.24 万亩。按照社会经济发展指标以及采取强化节水措施的用水定额和效率指标测算，2030 年在多年平均情形下，松花江流域和辽河流域的总需水量分别为 439.31 亿 m^3 和 189.21 亿 m^3，两者多年平均可供水量分别为 430.23 亿 m^3 和 186.67 亿 m^3，缺水量分别为 9.08 亿 m^3 和 2.54 亿 m^3，基本实现河道外水资源的供需平衡。

基于以上分析对 2030 年松辽流域片水资源安全评价指标打分，计算综合得分，见表 6.12。

表 6.12　2030 年松辽流域片水资源安全评价综合得分

约束条件	约束条件得分	综合得分
水资源数量足够	96.83	91.79
水质	83.00	
可持续性	91.34	
成本与价格	96.00	

与现状年相比，到 2030 年松辽流域片水资源安全的四个指标得分均有提高。在水资源安全的四个约束条件中，水资源数量、成本与价格、可持续性这三个指标仍然都属于很安全的范围，得分分别是 96.83、96.00 和 91.34；水质指标有了很大的提升，得分 83.00，由不太安全的范围转变成安全的范围。2030 年松辽流域片水资源安全评价综合得分为 91.79，属于很安全范围。

七、东南诸河片水资源安全评价

东南诸河片地处我国水资源较丰沛的东南沿海，区内地形以丘陵山地为主，盆地多，平原少。区内河流众多，主要为浙、闽、台独流入海的河流，包括钱塘江、浙东诸河、浙南诸河、闽东诸河、闽江、闽南诸河、台澎金马诸河等，一般源短流急，自成体系。涉及行政区有浙江、福建、台湾、安徽和江西五个省，总面积 24.5 万 km^2。

东南诸河片，气候湿润，雨量丰沛。多年平均降水量 1662.4mm，多年平均地表水资源量 1987.8 亿 m^3，水资源总量 1995.4 亿 m^3。人均水资源占有量 2610m^3，约为全国平均水平的 1.3 倍。但水资源地区分布不均，上游地区水多人少，而下游地区人口密集，经济发达，水资源偏少，沿海部分地区水资源紧缺。人均水资源低于 1000m^3 的有厦门市和舟山市。由于区内中小河流多，河流源短流急，受台风暴雨影响及河口潮汐影响，东南诸河水资源开发利用难度大。

东南诸河片多年平均水资源可利用量为 560 亿 m^3。从降水趋势看，东南诸河片水资源量没有减少的趋势。2010 年水资源供（用）水量 342.5 亿 m^3，未超过可利用量，水资源开发利用程度较低，还有开发利用的潜力。

在水质安全方面，东南诸河片现状淡水水质总体较好，但局部地区水污染严重，并呈恶化态势。2010 年水质达标的功能区占功能区总数的 82.8%，其中一级水功能区有 48 个达标，达标率为 98%，二级水功能区有 188 个达标，达标率为 79.7%。水库水质全部达标。总体上看，本区地表水水质较好，局部地区水体受到污染。根据环保部发布的《2012 年中国环境状况公报》，闽浙片 45 个国控断面中，Ⅰ～Ⅲ类和Ⅳ～Ⅴ类水质断面比例分别为 80.0%和 20.0%。

东海近海水域水质极差，Ⅰ、Ⅱ类海水比例为 37.9%，Ⅲ、Ⅳ类海水比例为 15.8%，劣Ⅳ类海水比例为 46.3%。

在供水成本安全方面，相比需要高扬程扬水的黄河流域、需要调水的海河流域和辽河流域，以及水污染严重水处理成本高的珠三角和长三角地区，东南诸河片供水成本相对较低，供水很安全。

通过对现状年东南诸河片水资源安全进行评价，在水资源安全的四个约束条件中，供水成本与价格得分最高，得分 96.00，属于很安全的范围；其次水资源数量，得分 94.92，水资源可以支持社会经济发展，属于很安全的范围；再次是可持续性，得分 94.03，属于较很安全的范围；得分最低的是水质，得分为 73.25，属于比较安全。综合得分 89.55，属于安全的范围。现状年东南诸河片水资源安全评价得分见表 6.13。

表 6.13　现状年东南诸河片水资源安全评价综合得分（2010～2012 年）

约束条件	约束条件得分	综合得分
水资源数量足够	94.92	89.55
水质	73.25	
可持续性	94.03	
成本与价格	96.00	

评价结果表明，东南诸河片水资源量充沛，水资源开发利用程度低，水质状况总体良好，可以满足流域社会经济发展的需求，供水保证了社会经济的快速发展；供水价格更远低于供水成本，总体上是安全的。

根据《东南诸河片水资源综合规划概要》，预计 2030 年增加供水能力 162.6 亿 m^3，缺水率保持在 1%以内。河道外多年平均供水量为 429.5 亿 m^3，跨一级区调出水量（至太湖流域）为 15 亿 m^3，下泄水量占多年平均地表水资源量的 87.7%，能够维系河流良好生态用水需求。所有功能区全部实现其水质目标，规划污染物 COD_{cr}、NH_3-N 入河控制量分别为 27.4 万 t 和 2.23 万 t。城镇生活、重要工业供水保证率提高至 97%以上，农村生活和一般工业保证率提高至 90%以上，平原区及山丘区农业供水保证率分别达到 90%和 75%以上。根据规划，东南诸河片的水资源安全的数量、质量保障水平都会进一步提高。而随着沿海地区海水淡化技术的进步，该区水资源安全的可持续性和成本承受能力肯定会增强。

据此对 2030 年东南诸河片水资源安全评价指标打分，结果见表 6.14。东南诸河水资源安全评价四个约束条件中，供水成本与价格得分最高，得分 96.00，属于很安全的范围；其次水资源数量，得分 95.67，水资源可以支持社会经济发展，属于很安全的范围；再次是可持续性，得分 95.33，属于较很安全的范围；得分最低的是水质，得分为 81.25，属于安全范围。综合得分 92.06，2030 年东南诸河片水资源属于很安全的范围。

表 6.14　2030 年东南诸河片水资源安全评价综合得分

约束条件	约束条件得分	综合得分
水资源数量足够	95.67	92.06
水质	81.25	
可持续性	95.33	
成本与价格	96.00	

八、西南诸河片水资源安全评价

这里的西南诸河片指的是长江流域水利委员会代管的我国西南部诸河流，北接西北诸河片，东北与长江流域为邻，东界珠江流域片。面积约 85 万 km^2，涉及广西、云南、西藏、青海、新疆 5 省（自治区），划分为红河、澜沧江、怒江及伊洛瓦底江、雅鲁藏布江、藏南诸河、藏西诸河 6 个水资源二级区。

西南诸河片是我国水资源最丰富的地区，水资源总量高达 5853.3 亿 m^3，而且人口相对稀少，人均水资源量很高，人均水量 3.2 万 m^3，亩均水量 2.2 万 m^3，分别为全国人均水量、亩均水量的 15 倍和 12 倍。水资源开发利用程度不足 2%，水资源数量安全有保证。

该区工业化发展程度不高，水质状况良好，Ⅰ～Ⅲ类水河长占总评价河长的 95.6%，劣于Ⅲ类水河长占总评价河长的 4.4%。对 7 个省界断面进行水质评价，全年水质均符合或优于Ⅲ类标准；对 3 个湖泊和 17 座水库进行水质状况评价，全年水质为Ⅰ～Ⅲ类的湖泊和水库分别占 100%和 94.1%；3 个湖泊营养状况均为中营养，17 座水库中 3 座水库呈轻度富营养状态；对 25 个重点水功能区进行水质达标评价，全年期按水功能区个数评价，达标率为 72.0%。

由于该区域水资源开发利用程度很低，供水、水资源及水生态的可持续性都有保障。该区域因人类用水、耗水而对河流生态产生的影响很小。影响较大的是水电开发，一方面电站大坝阻断了河流的连续性；另一方面电站对径流的调节改变了原来的径流时间分配过程，这可能对回流性鱼类、对下游的生产生活带来一些负面影响。不过，这种影响可以通过修建鱼道、优化水电站调度方式等方式来尽量减轻到最低的水平。

尽管西南诸河地区山高谷深，一些山区供水成本较高，但也处于可承受的水平。

对现状年西南诸河片水资源安全评价打分的结果见表 6.15。

表 6.15　现状年西南诸河片水资源安全评价综合得分（2010～2012 年）

<table>
<tr><th>子约束</th><th>子约束得分</th><th>约束条件</th><th>约束条件得分</th><th>综合得分</th></tr>
<tr><td>常年需水数量满足程度</td><td>99.17</td><td rowspan="2">水资源数量</td><td rowspan="2">96.25</td><td rowspan="10">93.76</td></tr>
<tr><td>供水保证率</td><td>93.33</td></tr>
<tr><td>自然水体水质</td><td>89.00</td><td rowspan="2">水质</td><td rowspan="2">87.50</td></tr>
<tr><td>供水水质</td><td>86.00</td></tr>
<tr><td>水资源可持续性</td><td>95.05</td><td rowspan="3">可持续性</td><td rowspan="3">96.13</td></tr>
<tr><td>开发利用可持续性</td><td>98.33</td></tr>
<tr><td>水生态可持续性</td><td>95.00</td></tr>
<tr><td>生活水价居民是否可以承受</td><td>92.00</td><td rowspan="3">成本与价格</td><td rowspan="3">95.17</td></tr>
<tr><td>生产水价企业是否可以承受</td><td>96.50</td></tr>
<tr><td>供水成本社会是否可以承受</td><td>97.00</td></tr>
</table>

到 2030 年，西南诸河片的水资源安全程度还会进一步提高。理由是该区水资源开发利用程度仍然很低，水资源安全的数量、可持续性和成本保障仍会维持在与现状相近的高水平，而随着供水设施的完善，城乡供水的数量、质量的保证率都会明显提高，水质安全水平会有大幅度提高（表 6.16）。

表 6.16　2030 年西南诸河片水资源安全评价综合得分

<table>
<tr><th>子约束</th><th>子约束得分</th><th>约束条件</th><th>约束条件得分</th><th>综合得分</th></tr>
<tr><td>常年需水数量满足程度</td><td>99.17</td><td rowspan="2">水资源数量</td><td rowspan="2">96.25</td><td rowspan="10">95.68</td></tr>
<tr><td>供水保证率</td><td>93.33</td></tr>
<tr><td>自然水体水质</td><td>95.60</td><td rowspan="2">水质</td><td rowspan="2">95.18</td></tr>
<tr><td>供水水质</td><td>94.75</td></tr>
<tr><td>水资源可持续性</td><td>95.05</td><td rowspan="2">可持续性</td><td rowspan="2">96.13</td></tr>
<tr><td>开发利用可持续性</td><td>98.33</td></tr>
<tr><td>水生态可持续性</td><td>95.00</td><td rowspan="4">成本与价格</td><td rowspan="4">95.17</td></tr>
<tr><td>生活水价居民是否可以承受</td><td>92.00</td></tr>
<tr><td>生产水价企业是否可以承受</td><td>96.50</td></tr>
<tr><td>供水成本社会是否可以承受</td><td>97.00</td></tr>
</table>

九、西北诸河片水资源安全评价

西北诸河片包括西北内陆诸河以及新疆的额尔齐斯河、伊犁河等国际河流中国境内部分。该地区西起帕米尔高原国境线，东至大兴安岭，北起国境线，南迄西藏冈底斯山分水岭，总面积为336.23万km^2，占全国国土面积的三分之一以上。涉及行政区有甘肃、青海、宁夏、内蒙古、新疆、西藏、河北7省（自治区）。西北诸河片是我国大陆的重要生态屏障区，也是生态脆弱区，其生态地位举足轻重。

西北诸河片广大地区气候干旱，降水稀少，多年平均年降水量为161.2mm，折合降水总量为5420亿m^3。年降水量大部分地区为50～600mm，部分沙漠戈壁地区甚至在10mm以下，伊犁河及额尔齐斯河流域多年平均降水量高达1000mm；蒸发量的高值区分布于塔里木盆地、柴达木盆地中心及河西走廊北部中蒙边界附近。多年平均天然年径流量为1173.94亿m^3，折合径流深34.9mm，水资源总量为1275.74亿m^3，其中地表水资源量为1173.94亿m^3，占水资源总量的92%，与地表水不重复的地下水资源量为101.8亿m^3，占水资源总量的8.0%。

据相关的研究成果表明，西北诸河片近20年水资源总量在增加，1956～1979年多年平均水资源总量为1262.57亿m^3，1980～2000年为1290.8亿m^3。1980～2000年与1956～2000年相比增大了1.2%，与1956～1979年相比增大了2.2%。西北诸河片水资源分布不均，开发利用不合理。西北诸河片水土资源分布极不平衡，相当一大部分的水资源分布在地势高寒、自然条件较差的人烟稀少地区及无人区，而自然条件较好、人口稠密、经济发达的绿洲地区水资源量十分有限。西北诸河片社会经济相对落后，水资源利用方式粗放，用水效率偏低，浪费较严重，用水效率指标与全国平均水平尚有较大差距。气候干旱、生态环境脆弱，随着社会经济发展、水资源开发利用率不断提高，部分地区水资源利用率已超过其承载能力，导致植被退化和土地沙化，生态环境不断恶化。水资源可持续开发利用安全性不是太高。

水质安全方面，西北诸河片水质总体很安全。根据《2011年中国环境状况公报》，2011年西北诸河片水质总体为优，23个控制断面中，Ⅰ～Ⅲ类、Ⅳ类和劣Ⅴ类水质断面比例分别为91.4%、4.3%和4.3%。与2010年相比，Ⅰ～Ⅲ类水质断面比例提高9.3个百分点，劣Ⅴ类水质断面比例降低2.8个百分点。

西北诸河片主要的国际河流有额尔齐斯河、伊犁河和阿克苏河，存在潜在的水权争议问题。在水资源安全的成本约束方面，受我国水费总体偏低的大环境影响，西北诸河片水价属于较低水平，不会影响当地社会经济的健康发展。

基于上述分析，对西北诸河片水资源安全进行评价，现状年西北诸河片水资源安全评价四个约束条件中，供水成本与价格得分最高，得分90.75，属于很安全的范围；其次是水质约束得分82.25，西北诸河片大部分河流和湖库水质良好，对水资源安全没有构成影响，水质属于安全范围；再次是水资源数量，得分74.58，属于较安全范围，现状水资源量能支撑社会经济发展。西北诸河片地处干旱区，蒸发量大，未来社会经济发展对用水量的需求将受水资源的制约；得分最低的是可持续性，得分仅为67.78，部分地区水资源利用率已超过其承载能力，导致植被退化和土地沙化，生态环境不断恶化，可持续性属于不太安全范围。西北诸河片水资源安全评价综合得分79.59，属于较安全范围，见表 6.17。

表 6.17　现状年西北诸河片水资源安全评价综合得分（2010～2012 年）

约束条件	约束条件得分	综合得分
水资源数量足够	74.58	79.59
水质	85.25	
可持续性	67.78	
成本与价格	90.75	

评价结果表明，现状年西北诸河片水质状况良好。西北诸河片本身水资源短缺，由于气候干旱、生态环境脆弱，水资源开发利用率不断提高，社会经济用水挤占了部分生态环境用水，生态环境出现恶化。现状年水资源基本上能支撑社会经济发展，供水价格远低于供水成本，西北诸河片水资源总体上是较安全的。

根据《西北诸河片水资源综合规划概要》，预计到 2030 年，西北诸河片缺水量 7.48 亿 m^3，缺水率仅为 1.1%，基本可以实现水资源的供需平衡。河道外配置的地表水耗损量控制为 450.6 亿 m^3，为地表水可利用量的 92.3%；地下水开采量为 107.1 亿 m^3，为地下水可开采量的 48.2%。农业供水量可达到 578 亿 m^3，灌溉水利用系数提高到 0.54，农业需水的满足程度可达 98.4%。万元工业增加值用水定额下降至 47.1m^3，工业用水重复利用率提高到 83.2%。COD、氨氮入河量控制在 25.00 万 t 和 0.82 万 t 以下，较现状年分别减少了 23.6%和 22.6%。规划推进重点河流和地区水生态修复，以水资源承载能力为约束，保证主要河流湖泊的生态水量，遏制重要水域的水生态恶化趋势。

通过对 2030 年西北诸河片水资源安全评价，供水成本与价格得分仍为最高，得分 90.75，属于很安全的范围；其次是水质约束得分 89.00，2030 年西北诸河片水资源水质状况良好，水质属于安全范围；再次是水资源数量，得分 78.75，属于较安全范围，水资源量能够支撑社会经济发展；得分最低的是可持续性，得分仅为 76.67，可持续性较现状年有所提高，属于较安全范围。2030 年西北诸河片水资源安全评价综合得分为 83.79，较现状年有所提高，属于安全范围（表 6.18）。

表 6.18　2030 年西北诸河片水资源安全评价综合得分

约束条件	约束条件得分	综合得分
水资源数量足够	78.75	83.79
水质	89.00	
可持续性	76.67	
成本与价格	90.75	

参考文献

长江流域委员会. 2012. 2011 年长江流域及西南诸河水资源公报. 武汉：长江出版社.

长江流域水资源保护局. 2013. 2012 年长江流域水资源质量公报.

党连文. 2011a. 松花江流域水资源综合规划概要. 中国水利，23：99-100.
党连文. 2011b. 辽河流域水资源综合规划概要. 中国水利，23：101-104.
董雪娜，金双彦，王玲. 2011. 西北诸河区水资源调查与评价. 人民黄河，33（11）：69-70.
高歌，陈德亮，徐影. 2008. 未来气候变化对淮河流域径流的可能影响. 应用气象学报，19（6）：741-748.
郭海晋，王政祥，邹宁. 2008 . 长江流域水资源概述. 人民长江，39（17）：3-5.
郭志辉，杨贵羽，王喜凤. 2011. 松辽流域近50年来降水演变规律分析. 人民黄河，33（12）：35-37.
贾绍凤. 2009. 关于大力推广海水利用解决中国环渤海地区缺水问题的建议. 科技导报，27（6）：7.
刘绿柳，姜彤，原峰. 2009. 珠江流域1961～2007年气候变化及2011～2060年预估分析. 气候变化研究进展，4：209-214.
吕晨旭，贾绍凤，季志恒. 2010. 近30年来白洋淀流域平原区地下水位动态变化及原因分析. 南水北调与水利科技，8（1）：65-68.
马建华. 2010. 长江流域水资源面临的形势与可持续利用对策. 人民长江，41（12）：1-6.
任宪韶. 2004. 海河流域水资源评价. 北京：中国水利水电出版社.
水利部淮河水利委员会. 2011. 淮河片水资源公报.
水利部黄河水利委员会. 2011. 黄河水资源公报.
水利部松辽水利委员会. 2011. 松辽流域片水资源公报.
水利部太湖流域管理局. 2011. 太湖流域及东南诸河水资源公报.
水利部珠江水利委员会. 2010. 珠江片水资源公报.
苏爱平. 2012. 东南诸河区水资源形式及管理对策浅议. 水利科技，2：6-8.
王飞寒，王燎原. 2010. 气候变化对黄河流域水资源的影响与开发对策. 黄河水利职业技术学院学报，22（4）：10-13.
王秋生. 2011. 珠江流域片水资源综合规划概要. 中国水利，23：124-126.
王翔. 2011. 淮河流域及山东半岛水资源综合规划概要. 中国水利，23：99-100.
王雁，丁永建，叶柏生，等. 2013. 黄河与长江流域水资源变化原因. 中国科学：地球科学，7：1207-1219.
夏军，刘昌明，丁永建，等. 2011. 中国水问题观察（第一卷）气候变化对我国北方典型区域水资源影响及适应对策. 北京：科学出版社.
肖素君，杨立彬，马迎平. 2010. 黄河流域农业节水与国家粮食安全研究. 人民黄河，32（12）：19-25.
杨国宪，李清杰，彭少明，等. 2011. 西北诸河河流生态环境需水量分析. 人民黄河，33（11）：74-76.
杨艳春，彭勃，刘桂丽，等. 2011. 西北诸河区地表水水质评价. 人民黄河，33（11）：93-96.
姚章民，闫少华. 2012. 珠江流域片水资源的分布特点及变化分析. 水文，32（4）：79-81.
叶寿仁，吴志平. 2011. 东南诸河区水资源综合规划概要. 中国水利，23：121-123.
赵勇. 2011. 西北诸河区水资源综合规划概要. 中国水利，23：127-129.
郑冬燕. 2012. 珠江水资源的合理配置. 人民珠江，1：18-20.
中华人民共和国环境保护部. 2013. 2012年中国环境状况公报.
Jia S F，Yan T T，Lü A F. 2012. Water Security Situation in Haihe River Basin after South-to-North Water Transfer Project. BCAS，26（1）：12-18.
Jia S F. 2012. More grain in the North China Plain with less water consumed：a response to Chris Perry. Water International，37（3）：337-340.

第七章 中国水资源安全空间格局分析

本章根据前述采用的水资源安全评价指标体系，以水资源二级区为评价单元，对各个二级区按指标体系进行判断和打分，并逐一绘制水资源安全的数量充足性、质量符合性、可持续性和综合得分的空间分布图，据此分析中国水资源现状安全的空间分布情形、原因及可能对策等，并简析未来水资源安全的变化趋势。

一、评价单元与资料

根据国家标准《全国水资源分区》，全国划分成10个水资源一级区，80个水资源二级区（表7.1）。

表7.1 全国水资源分区表

水资源一级区	水资源二级区
松花江区	额尔古纳河、嫩江、第二松花江、松花江（三岔口以下）、黑龙江干流、乌苏里江、绥芬河、图们江
辽河区	西辽河、东辽河、辽河干流、浑太河、鸭绿江、东北沿黄渤海诸河
海河区	滦河及冀东沿海、海河北系、海河南系、徒骇马颊河
黄河区	龙羊峡以上、龙羊峡至兰州、兰州至河口镇、河口镇至龙门、龙门至三门峡、三门峡至花园口、花园口以下、黄河内流区
淮河区	淮河上游（王家坝以上）、淮河中游（王家坝至洪泽湖出口）、淮河下游（洪泽湖出口以下）、沂沭泗河、山东半岛沿海诸河
长江区	金沙江石鼓以上、金沙江石鼓以下、岷沱江、嘉陵江、乌江、宜宾至宜昌、洞庭湖水系、汉江、鄱阳湖水系、宜昌至湖口、湖口以下干流、太湖水系
东南诸河区	钱塘江、浙东诸河、浙南诸河、闽东诸河、闽江、闽南诸河、台澎金马诸河
珠江区	南北盘江、红柳江、郁江、西江、北江、东江、珠江三角洲、韩江及粤东诸河、粤西桂南沿海诸河、海南岛及南海各岛诸河
西南诸河区	红河、澜沧江、怒江及伊洛瓦底江、雅鲁藏布江、藏南诸河、藏西诸河
西北诸河区	内蒙古内陆河、河西走廊内陆河、青海湖水系、柴达木盆地、吐哈盆地小河、阿尔泰山南麓诸河、古尔班通古特荒漠区、中亚西亚内陆河区、天山北麓诸河、塔里木河源流、昆仑山北麓小河、塔里木河干流、塔里木盆地荒漠区、羌塘高原内陆区

评价所依据的资料，包括水资源综合规划报告中的二级区水资源及开发利用评价数据、中国水资源及其开发利用调查评价数据、各级水资源公报、水环境质量公报、流域生态治理规划资料、各城市的总体规划、农村水源地普查资料，以及媒体关于各地水资源开发、水环境治理、水源地保护、供水水质、水价与工程运行情况的报道等。

因古尔班通古特荒漠区、塔里木盆地荒漠区和羌塘高原内陆区等3个二级区人口稀少，将其视为无人区，不予置评，在图中以白色表示。本次评价主要对另外的 77 个二级区作评价。

二、中国水资源安全数量充足性评价的空间分布特点

对各水资源二级区结合各省级行政区、各流域水资源公报及水资源综合规划等资料，从常年需水数量满足程度和供水保证率两个方面对各个水资源二级区的水资源数量是否足够来判断，依此综合评价该地区的水资源安全的数量充足性，具体结果见表 7.2 和彩图 4。

总体评判：中国水资源数量总体来说很安全，全国水资源数量评价综合得分 94.25，属于“很安全”级别。西南和华南大部分地区得分很高，区域降水丰沛，水资源数量充足，供水完全能够满足社会经济快速发展的需求。华中地区和东北地区水资源数量也能够支撑区域社会经济发展，属于“安全”级别。水资源数量比较紧张的地区主要集中在海河流域、淮河流域及山东半岛地区和西北大部分地区，其中海河流域和西北部分地区水资源异常紧张。

具体情况：水土资源不匹配，水资源时空分布不均衡等因素，各地区具体情况各异。评价的 77 个水资源二级区平均得分 92.98。

海河南系、海河北系和龙门至三门峡等 3 个二级区得分不到 80，属于“较安全”级别。海河流域地表水资源稀少，地下水超采严重，水资源开发利用率接近 100%，区域内农业、城市存在缺水，部分山区生活供水不能够满足。龙门至三门峡区域水资源量开发利用程度接近 60%，汾渭盆地供水不足，属于“较安全”级别。农田灌溉保证率较低，非充分灌溉。干旱年份部分地区农村生活供水不能有效保障。未来借助南水北调中线工程的实施及部分区域调水工程，这些地区的需水能够得到满足。

淮河中游、河西走廊内陆河、西辽河、塔里木河干流及沂沭泗河等 10 个水资源二级区得分位于 80～90 分，属于“安全”级别。这些地区正常情况下需水数量能够得到满足，供水也基本能够得到保证。

其他 64 个水资源二级区的得分均超过 90，属于“很安全”级别。常年需水数量和供水均能够很好地满足（表 7.2）。

表 7.2　中国水资源二级区水资源安全的数量充足性评价

二级区	得分	安全级别	二级区	得分	安全级别
海河北系	78.33	较安全	鸭绿江	95.00	很安全
海河南系	78.33		龙羊峡以上	95.00	
龙门至三门峡	79.17		龙羊峡至兰州	95.00	
淮河中游（王家坝至洪泽湖出口）	83.75	安全	河口镇至龙门	95.00	
河西走廊内陆河	84.00		金沙江石鼓以上	95.00	
西辽河	84.17		金沙江石鼓以下	95.00	
塔里木河干流	84.83		岷沱江	95.00	
吐哈盆地小河	85.25		嘉陵江	95.00	
天山北麓诸河	87.08		乌江	95.00	

续表

二级区	得分	安全级别	二级区	得分	安全级别
辽河干流	88.33	安全	宜宾至宜昌	95.00	很安全
沂沭泗河	89.17		洞庭湖水系	95.00	
山东半岛沿海诸河	89.17		汉江	95.00	
黄河内流区	89.58		鄱阳湖水系	95.00	
内蒙古内陆河	90.08	很安全	宜昌至湖口	95.00	
花园口以下	90.25		湖口以下干流	95.00	
东辽河	90.42		红柳江	95.00	
浑太河	90.50		郁江	95.00	
东北沿黄渤海诸河	90.50		西江	95.00	
松花江（三岔口以下）	90.83		北江	95.00	
乌苏里江	90.83		东江	95.00	
三门峡至花园口	90.83		珠江三角洲	95.00	
昆仑山北麓小河	90.92		韩江及粤东诸河	95.00	
滦河及冀东沿海	91.25		粤西桂南沿海诸河	95.00	
淮河下游（洪泽湖出口以下）	91.75		海南岛及南海各岛诸河	95.00	
太湖水系	92.17		额尔古纳河	96.50	
第二松花江	92.92		钱塘江	98.00	
兰州至河口镇	93.00		浙东诸河	98.00	
淮河上游（王家坝以上）	93.33		浙南诸河	98.00	
南北盘江	93.33		闽东诸河	98.00	
青海湖水系	93.33		闽江	98.00	
柴达木盆地	93.33		闽南诸河	98.00	
嫩江	93.33		红河	98.00	
塔里木河源流	93.67		澜沧江	98.00	
徒骇马颊河	93.75		怒江及伊洛瓦底江	98.00	
阿尔泰山南麓诸河	94.83		雅鲁藏布江	98.00	
黑龙江干流	95.00		藏南诸河	98.00	
绥芬河	95.00		藏西诸河	98.00	
图们江	95.00		中亚西亚内陆河区	98.00	

三、中国水资源安全质量符合性评价的空间分布特点

各水资源二级区的水资源安全质量符合性评价结果见表7.3和彩图5。

总体评价：中国水资源质量总体来说不太安全，全国水资源质量评价综合得分64.88，属于“不太安全”级别。北方水资源质量不安全的地区主要集中在黄淮海地区，而南方则是珠江三角洲地区。此外辽河流域和西北诸河区部分区域水质情况有待改善。

长江中下游各二级区虽然存在一定的问题，但是总体状况比较安全。

具体情况：珠江三角洲、龙门至三门峡、淮河下游、海河南系、徒骇马颊河及淮河中游等5个水资源二级区的得分低于70，属于“不太安全”级别。这些地区河湖污染比较严重、水质状况不容乐观，是以后重点关注和改善的区域。

珠江三角洲得分最低，Ⅰ～Ⅲ类水质河长占总河长的比率为39%，Ⅳ类水质河长占总河长的比率为30%，劣Ⅴ类水质河长占总河长的比率为20%。湖库大部分水质较好，但部分区域总氮超标。近海水域水质状况很差，主要是劣Ⅳ类海水，很不安全。城市饮用水水源和城市供水水质情况亦存在不达标的情况。

海河流域大部分河流水质状况较差，劣Ⅴ类河长比例较大。湖泊如白洋淀等水质很差，属重度污染，不太安全。平原区地下水遭受污染严重，超采频频引发地面沉降。该地区近海岸水质为Ⅳ类和劣Ⅳ类海水，不安全。

未来对这部分地区的水污染治理还需要投入大量精力。

表7.3 中国水资源二级区水资源安全的质量符合性评价

二级区	得分	安全级别	二级区	得分	安全级别
珠江三角洲	66.80	不太安全	东北沿黄渤海诸河	86.05	安全
龙门至三门峡	68.13		山东半岛沿海诸河	86.13	
淮河下游（洪泽湖出口以下）	68.25		岷沱江	86.55	
徒骇马颊河	68.38		河西走廊内陆河	86.60	
海河南系	68.50		闽南诸河	86.88	
淮河中游（王家坝至洪泽湖出口）	69.88		松花江（三岔口以下）	87.13	
海河北系	72.25	较安全	河口镇至龙门	87.25	
辽河干流	74.88		鸭绿江	87.63	
西辽河	75.75		南北盘江	88.05	
浙东诸河	77.63		韩江及粤东诸河	88.43	
东辽河	78.50		闽江	89.43	
花园口以下	79.33		昆仑山北麓小河	89.90	
浑太河	79.50		嘉陵江	90.00	
天山北麓诸河	79.80		塔里木河干流	90.30	很安全
兰州至河口镇	80.00		阿尔泰山南麓诸河	90.50	
内蒙古内陆河	80.23	安全	金沙江石鼓以下	90.80	
黄河内流区	80.75		宜昌至湖口	91.20	
红柳江	80.80		第二松花江	91.25	
滦河及冀东沿海	81.00		乌江	91.80	
洞庭湖水系	81.68		黑龙江干流	92.25	
浙南诸河	82.13		闽东诸河	92.43	
太湖水系	82.30		海南岛及南海各岛诸河	92.55	
湖口以下干流	82.60		龙羊峡以上	92.75	

续表

二级区	得分	安全级别	二级区	得分	安全级别
郁江	82.60	安全	汉江	92.90	很安全
钱塘江	82.75		红河	93.10	
塔里木河源流	82.75		北江	93.30	
沂沭泗河	82.88		宜宾至宜昌	93.45	
嫩江	83.13		鄱阳湖水系	94.00	
西江	83.55		藏西诸河	94.10	
绥芬河	83.63		澜沧江	94.20	
图们江	83.63		怒江及伊洛瓦底江	94.30	
乌苏里江	84.13		雅鲁藏布江	94.90	
淮河上游（王家坝以上）	84.25		柴达木盆地	95.00	
粤西桂南沿海诸河	84.40		吐哈盆地小河	95.00	
东江	84.63		中亚西亚内陆河区	95.00	
额尔古纳河	84.75		藏南诸河	95.10	
三门峡至花园口	85.30		青海湖水系	95.30	
龙羊峡至兰州	85.80		金沙江石鼓以上	96.30	

四、中国水资源安全可持续性评价的空间分布特点

各水资源二级区的水资源安全可持续性评价结果见表 7.4 和彩图 6。

总体评价：中国水资源安全可持续性评价综合得分 89.44，属于“安全”级别，是可持续的。全国多年平均水资源基本保持稳定，个别流域减少明显，且国外入境客水基本稳定。生态需水总体可以满足，局部被挤占的生态需水得到恢复，比较安全。

具体情况：可持续性情况很差的是海河流域，海河北系得分最低，不到 70 分，水资源安全可持续性属于“不太安全”级别。西北诸河区水资源安全可持续程度较差，各二级区得分皆属于“较安全”级别。黄河流域和淮河流域大部分都属于“安全”级别。南方地区各水资源二级区属于“很安全”级别，水资源安全可持续性很高。

海河流域 1980～2000 年年平均降水量比 1956～1979 年的平均减少 11%。在现状下垫面下，1980～2000 年年平均地表径流量比 1956～1979 年的平均减少 33%。该流域水资源遭过度开发，且地下水超采严重，现状水资源状况不可持续。

西北诸河大部分地区生态需水严重被挤占。近年来黑河下游生态环境有所改善，但总体情况仍不乐观，仍属于“不太安全”级别。该地区湖泊萎缩情况严重，居延海一度干涸，柴达木盆地内部分湖泊萎缩严重，如乌兰乌拉湖、东达布逊湖、南霍鲁逊湖等。荒漠区如吐哈盆地和哈密地区土地沙化严重，亦属于“不太安全”的级别。

表 7.4 中国水资源二级区水资源安全的可持续性评价

二级区	得分	安全级别	二级区	得分	安全级别
海河北系	67.89	不太安全	龙羊峡至兰州	93.33	很安全
天山北麓诸河	74.31	较安全	南北盘江	93.51	
吐哈盆地小河	75.28		第二松花江	93.61	
海河南系	75.83		韩江及粤东诸河	93.65	
河西走廊内陆河	77.34		郁江	93.66	
塔里木河干流	77.74		鸭绿江	93.68	
黄河内流区	80.02	安全	澜沧江	93.70	
花园口以下	80.11		绥芬河	93.77	
内蒙古内陆河	81.25		钱塘江	93.89	
龙门至三门峡	82.81		淮河上游（王家坝以上）	93.91	
浑太河	83.37		额尔古纳河	94.15	
辽河干流	83.81		洞庭湖水系	94.17	
塔里木河源流	84.89		鄱阳湖水系	94.17	
滦河及冀东沿海	84.94		湖口以下干流	94.17	
河口镇至龙门	85.03		西江	94.34	
昆仑山北麓小河	85.13		怒江及伊洛瓦底江	94.69	
西辽河	85.59		北江	94.76	
东北沿黄渤海诸河	86.39		东江	94.76	
三门峡至花园口	86.53		中亚西亚内陆河区	94.97	
沂沭泗河	86.56		图们江	94.98	
徒骇马颊河	86.94		龙羊峡以上	95.00	
红河	87.10		岷沱江	95.00	
浙东诸河	87.79		嘉陵江	95.00	
淮河中游（王家坝至洪泽湖出口）	87.88		乌江	95.00	
柴达木盆地	87.93		宜宾至宜昌	95.00	
乌苏里江	89.13		汉江	95.00	
嫩江	89.29		宜昌至湖口	95.00	
珠江三角洲	89.69		阿尔泰山南麓诸河	95.02	
淮河下游（洪泽湖出口以下）	89.79		浙南诸河	95.14	
松花江（三岔口以下）	89.97		闽江	95.17	
东辽河	90.00	很安全	红柳江	95.43	
山东半岛沿海诸河	90.11		黑龙江干流	95.82	
兰州至河口镇	91.08		闽东诸河	95.83	
青海湖水系	91.35		闽南诸河	95.83	
粤西桂南沿海诸河	91.42		金沙江石鼓以下	96.44	
海南岛及南海各岛诸河	91.42		藏南诸河	97.00	
太湖水系	92.47		藏西诸河	97.00	
雅鲁藏布江	93.04		金沙江石鼓以上	99.17	

五、中国水资源安全成本可承受性评价的空间分布特点

各水资源二级区的水资源安全成本可承受性评价结果见表 7.5 和彩图 7。

总体来说，我国水价较低，不管是生活还是生产方面都很安全。生活用水水价与人均收入的比例维持在很低的水平，家庭水费支出占家庭可支配收入的比例很低，居民基本上能够承受目前的生活水价。生产水价相比于发达国家也偏低，水费占总生产成本的比值不高，企业能够承受生产水价。我国供水成本普遍低于发达国家，供水成本的增长慢于人均收入的增长，经济增长弹性很小，社会发展能够承受供水成本。但一些高扬程提水、长距离调水的地区，如海河北系（南水北调工程、大同从万家寨调水）、兰州至河口镇（宁夏、甘肃等地的高扬程扬黄工程）、河口镇至龙门（“引黄入晋”等高扬程供水工程），供水成本较高，已经部分出现了供水工程建成后难以正常运行的问题，给当地的供水安全带来了一定风险。

表 7.5 中国水资源二级区水资源安全的成本可承受性评价

二级区	得分	安全级别	二级区	得分	安全级别
海河北系	76.24	较安全	绥芬河	91.89	很安全
海河南系	78.46		西江	92.22	
龙门至三门峡	80.78	安全	龙羊峡至兰州	92.33	
天山北麓诸河	83.80		东江	92.39	
淮河中游（王家坝至洪泽湖出口）	84.17		图们江	92.40	
西辽河	85.38		钱塘江	92.45	
辽河干流	85.75		南北盘江	92.51	
河西走廊内陆河	85.78		浙南诸河	92.61	
花园口以下	86.21		额尔古纳河	92.64	
淮河下游（洪泽湖出口以下）	86.24		柴达木盆地	92.86	
徒骇马颊河	86.27		鸭绿江	92.87	
黄河内流区	86.38		岷沱江	92.93	
珠江三角洲	86.66		韩江及粤东诸河	93.06	
内蒙古内陆河	86.68		第二松花江	93.24	
塔里木河干流	87.01		红河	93.34	

续表

二级区	得分	安全级别	二级区	得分	安全级别
浑太河	87.13	安全	海南岛及南海各岛诸河	93.54	很安全
吐哈盆地小河	87.67		青海湖水系	93.79	
滦河及冀东沿海	88.30		嘉陵江	93.79	
沂沭泗河	88.44		阿尔泰山南麓诸河	93.88	
东辽河	88.52		闽南诸河	93.97	
兰州至河口镇	88.81		宜昌至湖口	94.09	
塔里木河源流	89.33		乌江	94.24	
三门峡至花园口	89.46		金沙江石鼓以下	94.35	
东北沿黄渤海诸河	89.53		闽江	94.44	
浙东诸河	89.65		龙羊峡以上	94.48	
山东半岛沿海诸河	89.68		汉江	94.52	
乌苏里江	90.02		北江	94.56	
河口镇至龙门	90.03		黑龙江干流	94.56	
昆仑山北麓小河	90.28		鄱阳湖水系	94.58	
嫩江	90.44		宜宾至宜昌	94.65	
太湖水系	90.53		澜沧江	95.27	
松花江（三岔口以下）	90.77		雅鲁藏布江	95.28	
粤西桂南沿海诸河	91.50		闽东诸河	95.36	
洞庭湖水系	91.50		怒江及伊洛瓦底江	95.54	
红柳江	91.60		中亚西亚内陆河区	95.78	
郁江	91.61		藏西诸河	96.07	
淮河上游（王家坝以上）	91.66		藏南诸河	96.32	
湖口以下干流	91.73		金沙江石鼓以上	96.41	

六、中国水资源安全综合评价的空间分布特点

中国水资源数量总体来说比较安全，全国水资源安全综合评价得分 85.93，属于“安全”级别。各地区水资源安全状况差别明显，海河流域状况最差，属“较安全”级别。该流域水资源量匮乏，水资源需求大，水资源问题很多。如何合理有效地解决海河流域水资源问题是一个棘手的难题。华南和西南大部分地区水资源安全状况良好，东北地区水资源状况其次，黄淮及西北地区的水资源状况较差，也是未来是值得重点关注和管理的地区（彩图 8）。

第八章　中国水资源安全对策

一、科学认识和把握中国水资源安全形势

弄清情况是正确决策的前提。虽然国内外关于中国水资源安全形势众说纷纭，但我们自己必须有清醒的认识和判断。

关于中国水资源安全态势，我们强调以下几点认识：

中国的用水量已经进入低增长时期，中国水资源安全的水量是有保证的，除了海河流域、渭河流域、汾河流域、河西走廊、天山北麓、西辽河等几个资源性缺水流域需要外调水（这些调水工程基本上已经建成或在建）来缓解水资源供需矛盾，全国的水资源可利用量可以足够满足社会经济可持续发展的需要。对此我们可以有足够的信心。

用水总量已经接近顶峰，高峰用水很可能在2030年左右达到6500亿m^3左右，而目前的供水工程已经基本可以供应这些需水。

水质不安全是最大的威胁。中国水资源安全的水量足够，可持续性较高，供水成本总体较低，但中国三分之一的河段被严重污染、一半地下水被污染、供水水质达标率不高。保障水资源安全的首要任务是保障水环境安全、水质安全，中国水资源管理的重中之重是水污染防治、水资源保护。

一些跨流域调水、高扬程供水工程的高成本，可能暂时超出了当地经济发展水平的承受能力，存在一定程度的工程效益难以发挥的风险。

中国粮食生产的灌溉用水是有保障的。中国2013年粮食产量已经达到6019亿kg，提前超额完成了2020年的粮食生产目标，并与2030年人口高峰期的粮食安全需求相近，因此，中国已经用3500亿m^3的灌溉用水生产了人口高峰期粮食安全所需要的粮食。随着用水效率的提高，中国完全可以用3500亿m^3的灌溉用水生产比保障粮食安全水平更多的粮食。

未来中国城市发展的用水需求的保障程度会提高。华北、西北资源性缺水城市随着一系列调水工程的实施，水资源紧缺程度会得到缓解，超采的地下水得以回补；南方水质性缺水城市水资源保障会随着水源地保护工程和被用水源地的开辟、水环境的逐步改善而提高；沿海缺水城市未来可以更多地利用成本已降低到可承受水平的海水淡化技术。

中国能源发展的水资源需求是有保障的。我国火力发电用水占工业用水的1/5，近几年保持在300亿m^3左右，但其中80%都用在长江流域及其以南地区，这些地区水资源丰富，火电厂采用直流冷却方式冷却，因而用水量比较大，而采用循环冷却技术的全部北方地区的火力发电用水量仅60亿m^3，数量并不多。未来中国能源供给主要依赖黄河中上游地区，而这一地区也是我国水资源相对很紧缺的地区之一。尽管如此，这一地区未来的火力发电需水仍不超过15亿m^3，加上其他能源产业用水，也不超过二十多亿立方米，完全可以通过水权转换等方式加以解决。如果供水太紧张，还可以利用火电、煤化

工企业可以承担较高水价的优势以及南水北调西线工程实际上是由几个较小的工程组成的优势，相机分期建设南水北调西线工程。

虽然中国现状水资源基本安全、未来将向好的方向发展，但这并不表示我们可以高枕无忧。须知做出这样判断的前提，是我们已经并将继续在水资源安全方面做扎实有效的工作，不但仍然要有人力、物力、财力的投入保证，还要有制度和机制的改革和创新。

二、以污染源管控为中心切实抓好水环境治理

水质不安全是中国水资源安全的首要威胁。河水被污染、湖水被污染、地下水被污染、近海海域被污染，已经严重影响到我国的环境安全、供水安全和食品安全。水环境治理应作为生态文明建设的优先领域，而污染源的控制应是重中之重。应吸取过去花大量投资治理水污染而效果不佳的经验教训，以最严格的政策管住污染物的排放，把如何污染物排放总量控制在水域纳污能力之内。唯有如此，才能实现水环境的改善和达标。

三、通过排污管控倒逼促进早日实现用水零增长

大部分发达国家经历了用水达到顶峰后减少的过程，主要推动力是环保运动。对排污的严格限制，强迫高用水、高排污的企业采用节水工艺、减少废水排放量，甚至停产搬迁，附带产生了用水减少的效果。用水，尤其是工业用水的变化符合库兹涅茨曲线规律：初期随经济发展而上升，并在经济发展的某个阶段达到高峰，然后转而下降。我国很多地区的水资源开发利用率已经很高，已经产生河流断流、湖泊干涸、地下水超采等一系列问题，迫切需要控制需水、实现用水零增长，而且用水有接近高峰的迹象。可以通过严格的排污管控，倒逼用水的减少，以促进用水零增长的早日实现。

四、依靠优化配置和提高效率满足新增供水需求

中国2010年的用水量约为6000亿m^3，估计2030年左右高峰用水量约为6500亿m^3，在20年中总用水量只增加8.3%。而同期中国的经济总量估计要翻两番以上。在新增用水很少而新增经济规模很大的情况下，新增经济规模如此大的用水将如何满足？答案是必须走内涵式发展道路，主要依靠优化配置和提高效率来满足。

2000～2010年，全国万元GDP用水量从579m^3/万元下降到133m^3/万元（2000年不变价），年均下降了13.9%。从2010年到2030年，如果总用水增加8.3%而GDP翻两番，则单方水的GDP产出必须提高3.9倍，即在2010年全国平均万元GDP用水量133m^3的基础上，2030年将降低到35m^3/万元以下，年均下降7.6%。相比过去的下降速度，今后所需要下降的速度慢很多，应该有实现的可能。

美国、日本的用水效率也在不断上升：美国2005年的单位用水GDP产出为23美元（2005年不变价），是1961年的3.2倍；日本2004年的单位用水GDP产出为54美元，是1975年2.39倍（2005年不变价美元）①。中国2010年的单方用水的GDP产出

① 美国的用水数据来源于https://water.usgs.gov/watuse/；日本用水数据来源于Japan Water Agency. http://www.mlit.go.jp/tochimizushigen/mizsei/water_resources/contents/current_state.html#02；GDP数据来源于世界银行：http://data.worldbank.org/country/.

为 75.2 元，换算成 2005 年美元大约是 10 美元，比美国、日本还低很多，也说明还有较多的提升空间。

提高用水效率的具体措施包括两个方面：一是通过节水技术进步，提高每个行业的用水效率；二是通过产业结构调整与升级，提高用水定额低的行业在经济结构中的比重、降低用水定额高的行业的比重。

五、开发新水源仍是缺水地区重要保障手段

（一）一些缺水而供水成本承受能力强的地区可以适当调水

我们不能因为跨流域调水工程对生态有影响、成本较高而绝对反对调水。任何工程对环境都有影响、都有成本，该不该修，关键是看正影响是否超过负影响、效益是否超过成本，如果答案是肯定的，而且没有更好的解决供水问题的替代方法，那该项工程就是可以修建的。

对于跨流域调水工程而言，以往的一些工程没有实现预期规划目标，给我们提供了很多经验教训。最主要的教训是在由供水不收费改为收费、由低收费改为高收费时，对调水工程的需水减少，调水工程失去用户而利用率很低。但如果缺水地区存在可以承受调水成本，又没有其他可以替代的供水方式，那么调水就是可行的。

因此，为解决黄淮海平原的缺水问题，在南水北调东、中线主干工程完成后，还要尽快完成各省配套工程，尽快发挥工程调水效益；为解决渭河流域的缺水问题，并为陕北能源基地提供渭河流域用汉江水替代黄河水所空出的引黄指标，“引汉济渭”工程还要尽快完工；为解决河西走廊的缺水问题，除了业已完成的景电二期延伸向民勤调水工程和“引硫济金”工程，“引大济西”工程应争取开工建设；对于缺水矛盾突出的辽河流域，除了辽宁省已经修建的从鸭绿江流域调水到辽河流域的“东水西调”工程之外，内蒙古还将修建从嫩江支流绰尔河到西辽河的“引绰济辽”工程；同时，为保证黄河中上游地区的发展需要、尤其是为能源基地发展提供水资源保障，应该加紧规划和论证南水北调西线工程，至少作为规划好的预备项目，以备在万一需要的时候可以随时开工建设。

（二）加大非常规水源的开发利用

非常规水源通常是有别于常规水资源的中水（经过处理的污水和废水）、海水、苦咸水、矿井水、雨洪水等，特点是经过处理后可以被利用。非常规水源是常规水源的重要补充。我国是非常规水源丰富，开发利用潜力巨大。以中水为例，现在每年城市供水总量是 507.9 亿 m^3，污水处理量 331 亿 m^3，但是中水回用的量只有 33 亿 m^3，仅相当于 1/10。非常规水利用率不高，与处理技术、成本以及政策制度都有关系。为了推进非常规水在水资源利用中的比例，需要从以下几方面加大工作力度。

（1）将非常规水源纳入水资源管理的框架

非常规水源开发利用涉及国家发展改革委员会、水利部、建设部、海洋局、环境保护部等国务院部委，各部委根据各自工作的需要从不同侧面对非常规水源开发利用进行探索。尤其应推进非常规水资源纳入水资源的综合管理体系。

2009 年完成的全国水资源综合规划和目前正在编制的水中长期供求规划已经把非常规供水纳入规划方案，但还只是把非常规水源作为一个供水项目纳入供求平衡计算，但缺乏对非常规水源的详细发展规划，以后要进一步加强非常规水源的专项规划，通过非常规水源供水方案与常规水源供水方案的比选来综合确定适当的供水规划。

另外，在水资源管理中优先推进非常规水源的开发利用。例如，在缺水地区的审批建设项目水资源论证和取水许可时，鼓励利用非常规水源，对利用中水作为水源的建设项目优先审批；在缺水地区，将污水处理回用率纳入地方政府绩效考核指标；对城市雨水利用，应与城市洪涝防治、水源涵养、生态城市建设相结合，尽快建立城市规划、建设项目的雨水利用论证制度。

(2) 制定经济优惠政策，鼓励使用非常规水源

从水价、财政、金融、税收等方面制定优惠政策，鼓励使用非常规水源。

对雨水利用，免收水资源费；并在城镇地区引入城市用地排洪排涝费，以鼓励雨水利用。

对中水利用，目前各省的水资源费征收条例中普遍规定暂不征收水资源费，这是正确的，应该进一步明确“利用中水不征收水资源费”。首先因为水资源费只适用于从自然水体取用的水，中水利用属于循环利用，其水资源费已在原水取用环节交纳过了，不应再重复征收水资源费。其次，政府对中水利用应给予补贴，因为中水利用有减缓水资源压力、减轻废水排放的水环境压力的双重效果，具有很强的公益性。具体补贴途径包括：政府资助中水利用技术研发、中水利用的价格补贴、中水利用企业的金融扶持、中水利用企业的税收优惠。

对海水和微咸水的利用，因为不具有中水利用的公益性，为了减少对市场的干预，不宜进行价格补贴，但可以采取资助技术研发、免收水资源费、税收优惠等措施。

(3) 制定因地制宜的区域非常规水源发展战略

并不是每个地区都适合开发利用非常规水源。非常规水源的开发，必须结合区域的条件。在缺乏常规水源的沿海地区，应大力发展海水利用；在咸水、微咸水丰富的地区，应大力发展微咸水的利用；在缺水的城市，应大力推进中水利用。

六、强化水生态文明建设的制度保障

党的十八大报告对推进中国特色社会主义事业提出着眼于全面建成小康社会、实现社会主义现代化和中华民族伟大复兴的经济建设、政治建设、文化建设、社会建设、生态文明建设“五位一体”总体布局。报告明确指出：“建设生态文明，是关系人民福祉、关乎民族未来的长远大计。面对资源约束趋紧、环境污染严重、生态系统退化的严峻形势，必须树立尊重自然、顺应自然、保护自然的生态文明理念，把生态文明建设放在突出地位，融入经济建设、政治建设、文化建设、社会建设各方面和全过程，努力建设美丽中国，实现中华民族永续发展。”显然，以往靠牺牲环境来发展经济的道路已经到了尽头，今后必须要正确处理好经济发展同生态环境保护的关系，决不以牺牲环境为代价去换取一时的经济增长。

水环境的治理，水生态文明的建设，首先依赖于环境优先的发展方式的转变、依赖于一系列制度的保障。

（一）落实公民的环境权

公民环境权是指公民享有在安全、良好的环境中生产生活的权利。通常包括环境使用权、知情权、参与权和请求权。将公民环境权列为现代法治国家公民的基本权利，已经成为国际社会的普遍共识。确立公民的环境权，对于环境保护具有积极的意义。从公民环境权与环境保护的关系来说，公民环境权是环境保护的基础，同时也是目的和手段。公民环境权的确立为公众参与环境保护提供了法律基础，有利于环境保护的发展。通过落实公民的环境权，使得环境保护的管理理念和管理方式由单一的部门行政管理，转向支持公众参与，切实赋予公民环境权，以形成主管部门与公众良性互动的格局。

（二）严格实行地方政府及官员环保考核责任制

我国《环境保护法》明确规定地方政府要对本行政区域的水环境质量负责，但实践中地方政府的环保职责并没有落实。《环境保护法》中已有环境保护目标责任制的内容，但指的是“产生环境污染和其他公害的单位，必须把环境保护工作纳入计划，建立环境保护责任制度”，却缺乏考核政府的环境保护责任的具体制度（贾绍凤，2009）。以往对地方政府官员的考核重在GDP等经济指标，而忽略了环境保护考核指标。地方政府为了增加GDP，往往放任企业污染环境，使地方政府在环境保护方面的角色错位，由环境管理者变成了与企业利益一致的利益共同体，变成了环境污染的共犯。

为了打破这种地方政府与污染企业的利益关联，切实落实“政府对环境质量负总责”，国家应建立和实行包括水环境在内的环境保护目标责任制和考核评价制度，将环境保护目标完成情况作为对地方人民政府及其负责人的主要考核内容之一，考核结果应当作为官员升职考核评价的重要依据，对环保不达标的官员实行一票否决制，并且实行环境责任终身制，对官员任期批准的项目在任期之后出现的环境问题也要追责。

（三）建立排污权及其交易制度

排污权及其交易是一种以市场为基础的保护环境和控制污染的重要手段。作为一种市场经济手段，排污权交易可以充分发挥市场配置资源的作用，有利于污染物排放的宏观调控。我国近些年开始进行排污权交易的试点工作。为了更好地推进排污权及其交易制度的建设，应该抓紧建立与之配套的法律法规，使排污权交易有法可依、有规可循。建立完善的污染物排放监测体系，科学的确定污染物排放总量，合理分配初始排污权，建立排污权交易的激励机制，充分发挥市场的配置作用。

（四）建立更严格的环境准入制度

严格落实环境影响评价制度，把好建设项目环境准入关。对环境污染大、群众意见大的项目，坚决拒之门外。建立商品尤其是进口商品的环境影响评价与准入制度，对有环境风险的商品，在废物处理或回收问题没有解决之前，限制销售。

七、完善发挥市场水资源配置功能的制度和机制

在南水北调东、中线修通后，中国大规模修建供水工程的时代将越过高峰。以后水

资源管理工作的重心由工程建设转向资源管理。

水资源问题在本质上是管理问题。虽然即使有了好的管理制度，也未必能解决所有水问题，但如果没有好的水资源管理制度，肯定不会有好的水资源管理。

十八届三中全会《中共中央关于全面深化改革若干重大问题的决定》明确提出了在全面深化改革中，要建设统一开放、竞争有序的市场体系，使市场在资源配置中起决定性作用，健全自然资源资产产权制度和用途管制制度。

根据发挥市场在资源配置中的决定性作用的要求，水资源配置的市场化应是必然的改革方向。

（一）建立产权明晰且可交易的水权制度

水权就是水资源产权。利用水权制度来管理水资源，虽然历史悠久，但却是近几十年才在国际上引起广泛关注的水资源管理理念与模式。

水权制度是界定、配置、调整、保护和行使水权，明确政府之间、政府和用水户之间以及用水户之间的权、责、利关系的规则，是从法制、体制、机制等方面对水权进行规范和保障的一系列制度的总称（贾绍凤等，2012）。

水权制度是水资源管理制度非常关键的组成部分，是在水资源逐渐成为一种短缺的自然资源，以及相伴随而来的水价提高的过程中，逐渐产生并发展起来的。水权承认水资源是经济物品，就意味着水资源配置的使用必须服从市场效率原则，通过水权的流通来实现水资源的优化配置、提高水资源的利用效率。

为了发挥市场的配置水资源的决定性作用，就必须清晰界定水权，并建立可交易的水权制度。中国虽然在进行水权制度建设，一些地区已开展初始水权或水量分配工作，但水权初始分配只是水权制度建设的第一步，目前尚未建立完整的水权制度。

目前的水权制度主要有两个缺陷：

一是水权界定不彻底。目前已开展或将开展的流域水量分配，主要是一种行政化的水量配置，把流域水资源在生态用水、生活用水和生产用水之间进行配置，并把生活和生产用水划分到城镇、灌区等基层用户。存在的问题主要有：①水量分配的是多年平均以及75％、90％等少数几个保证率下的水资源量，而每年实际来水不同，如何实时分水往往不清晰；②分配的水量通过取水许可的方式赋给具体的取水者，但许可的时间有限，可能是5～10年，不具有水权长期稳定性和可预见性；③水量没有分配到最基层的用户，例如农业灌溉用水的水量只分配、许可到灌区，如何协调灌区与农户的关系还是一个有待进一步研究的问题；④分配、许可的水量不具有产权的属性，还不是严格的水权，基层拥有者没有处置权。

二是缺乏水权交易制度。虽然已有一些水权转换或水票交易，但都不是真正的水权交易。宁夏、内蒙古的水权转换，实际上是政府主导的取水许可的转移，由政府安排企业投资于农田节水、政府把节约的水许可给企业，在企业和农民或灌区之间不存在任何交易。张掖存在的水票交易，只是农户当年用不完的水票可以卖给其他农户，而不是具有长期性质的水权交易。

水权制度的核心是对水权构成中各项权能的权益、责任和义务进行规范，对水权的内容、取得方式、转让条件和程序等一般原则做出规定。一般包括下列内容。

初始水权分配制度：深化目前的水量分配工作，把水量分配转化为水权分配；

水权权属登记制度：改革目前的取水许可制度，建设水权权属登记制度，对每份水权的数量、取水点、用途等属性进行详细的登记并公开。

水权流转制度：对水权流转的条件在程序性规范、组织法规范、实体法规范等方面进行完整的制度规定，即对各种水权的获得和流转均规定严格的程序，对各种水权的获得和流转的实施人应有严格规定，对各种水权的获得和流转应有明确的条件和法律规范。

通过建设完整的水权制度，最终实现可交易的、完善的水权水市场体系，进而为充分发挥市场的水资源配置的决定性作用提供基础。

（二）建立兼顾效率和公平的合理的定价机制

我国是一个水资源短缺且分布不均衡的国家，水资源短缺已成为制约国民经济和社会发展的重要因素。价格是资源稀缺性的指示器，同时也是稀缺资源优化配置的调节杠杆。大量研究和实践表明，价格的提高对于稀缺资源的高效使用和保护具有重要的作用。

在我国，供水价格由政府制定，且鉴于水价关系到居民生活成本，水价相对较低，政府一直补贴较多，过低的水价未真正反映水的商品属性和水资源的稀缺程度及其市场价值。统计数据显示，截至 2012 年年底，全国 36 个大中城市的城市居民生活用水价格平均为 2.94 元/t。其中 58%的城市水价在 2～3 元/t，33%的城市水价大于 3 元/t。世界银行在对发展中国家居民可承受水价研究表明，家庭收入的 3%～5%为可支付供水和污水处理服务的上限。有关部门及研究机构曾提出，中国城市居民生活用水水费支出占家庭平均收入的 2%～3%比较适宜。目前，中国水费支出占城市人均可支配收入的比重不超过 1%，在水价最高的天津市也仅为 0.8%。水价过低导致用水单位（户）节水意识不强，水资源浪费严重，利用效率与国际先进水平相比有较大差距。

我国水价过低，直接反映的是水价的定价机制仍不合理，与市场脱离，使得水价引导水资源配置的信号功能丧失，使得价格杠杆对水资源过度消耗的抑制作用降低，从而造成了水资源短缺与使用浪费的现象并存。水价改革已经是重中之重，也是当务之急。

水价改革的重点是理顺水价形成机制，明确水价构成及调整原则，全面与市场接轨，利用价格杠杆抑制水资源过度消耗。在市场经济中，价格一般由供需平衡时的边际生产成本或边际消费效用来决定。为了使市场在水资源配置中起决定性作用，应该采用边际成本定价机制。新加坡、以色列等水资源管理先进国家，供水价格就是根据边际供水成本来决定的。

但是，水资源也是民生之本，生活用水被视为基本人权。应充分考虑对居民生活用水基本需求的保障。为减少水价改革对居民生活的影响，可以采用两种方法：一是采用阶梯水价制度，对基本生活用水采用较低的价格，而对非基本生活用水则采用反映供水成本的较高价格；二是对贫困人群，政府应履行对公众利益负责的职责，因地制宜采取提高低保标准、增加补贴等多种方式确保其基本的生活用水，保障其基本生活水平。对于农业等用水的弱势行业，过高的用水价格会打击农业生产，应该控制在合理的范围内和进行适当的补贴。

八、建立和完善水资源管理体制

水资源管理体制改革，是政府改革的一部分。李克强总理说："政府改革的主要目的，就是进一步理顺政府和市场、政府和社会、中央和地方的关系，更好地发挥市场、社会的作用，更好地调动中央和地方两个积极性，推动政府全面正确地履行职能。"[①]水资源管理体制的改革，核心也是处理好水资源管理中政府与市场、政府与社会的关系，同时还要处理好水资源管理机构与政府中其他事务管理机构的职能分工。

（一）建立政府-市场-社会三位一体的水资源配置体制

由于水资源的准商品属性、空间流动性和时间变化性，水资源配置不能完全交由市场，而必须是政府与市场、社会的结合。尽管市场将起决定性作用，但政府、社会的作用也是必不可少的。在初始水权还不明确的情况下，政府必须承担其明晰水权的任务，将来水权的落实、水权的交易也需要由政府来监管，而且政府必须承担公益性的防洪减灾、战略性的大型工程开发的任务。同时流域水资源涉及上下游、左右岸、多种用户间多种矛盾，各方利益不同，必须采用参与式协调管理模式，重大事项都应征求利益相关方的意见并力求达成各方可以接受的方案。

在政府-市场-社会三位一体的水资源配置体制中，政府是组织者、协调者、决策者；市场是信息提供者、主要的资源配置者；社会（尤其是利益相关者）是监督者、决策参与者。

目前的水资源配置是以政府为主导的，社会参与较弱，市场作用很少发挥。为了建立政府-市场-社会三位一体的新型水资源配置体制，需要进一步调整政府职能，积极引入市场的水资源配置功能，减少政府对水资源配置的微观干预，加大社会参与水资源管理的力度。

（二）建立为水权管理服务的水资源管理体制

现有体制中还缺乏水资源权属管理的内容和机构。应当建立相应的机构，承担水权登记、水权交易、水权变更审查的职能。在现有水文监测机构的基础上，完善和强化为水权量化服务的水资源监测机构，完善流域管理机构，行使以水权为基础的水资源适时调度职能。

（三）合理划分中央与地方事权适当下放水资源管理权限

建议中央仅管国际河流、跨省河流，重点管省界断面的水量水质要求，而省内河流的规划、建设、运行，都下放到各省自管。相应地，州内河流州来管，县内河流县来管。至于具体管理的技术、经济、生态等各项要求，可以通过国家的法律、标准来规范。这样才能调动地方的积极性，并更灵活地适应各地的实际情况，也提高管理的效率。

---

① 李克强．2013. 在地方政府职能转变和机构改革工作电视电话会议上的讲话．http://www.gov.cn/ldhd/2013-11/08/content_2523935.htm.

（四）避免“多龙治水”弊端，适当集中水事务管理职能

水的流动性、循环性和流域系统特性，决定了涉水事务应实行较综合的统一管理。

水在陆地的汇水系统是由流域组成的。流域是有共同出水口的地表空间所构成的汇水单元。降水补充土壤水、产生地表径流和地下径流，径流一部分在陆地蒸发回到大气，另一部分流入海洋。在同一个流域内部，水从上游流到下游，资源利用存在紧密的水联系，且水具有携带物质流动的特性，是一般固体资源所没有的。

除了水的自然循环以外，人类的用水产生了社会水循环：由取水、配水、用水、废水处理、废水排放、回归天然水体等环节组成的水循环系统。

水的自然循环和社会循环，以流域为基本单元，构成了内部联系紧密、与外部相对独立的完整水系统。为了与水循环的连续性、流域系统性相适应，也由于水资源与水灾害、水环境、水生态的四位一体特性，应将水资源管理与水灾害防治、水环境治理、水生态保护尽可能统一，应把产水、汇水、供水、用水、节水、排水、污水处理、中水回用、水生态等水资源管理职能纳入一个部门，并且打破区域界限、城乡阻隔，按流域进行统一综合管理。

我国实际的涉水管理部门很多，包括水利（水资源行政主管部门）、环保（水环境保护）、城建（城市供排水及市区地下水监测）、国土（地下水监测）、电力（大中型水电站）、交通（水运）、气象（降水预报、人工增雨）、农业（负责保护渔业水域生态环境和水生野生动植物工作，负责抗旱农作物、牧草品种的培育以及农艺节水）、林业（湿地保护）等，号称“九龙治水”。涉及同一管理对象的部门过多，管理的效率必然降低。

近几年中央提倡大部制改革，提出“一件事由一个部门负责”的改革思路。有无可能把涉水相关事务都集中到一个部门来管理？

实际上在涉水事务的管理上我国已经进行了相当长时间的探索。1993 年深圳市在原水利局和排水指挥部基础上组建了全国第一家水务局，率先打破了多龙管水的格局。相继上海、北京、天津等城市成立水务局，全国水务体制改革进入新的阶段。在水利部的提倡下，全国很多县市、地市州的水利局也改成了水务局，不过不像大城市成立水务局来对供水、节水、排水、污水处理进行统一管理，所辖农村区域很大的县市、地市州的水务局，仅仅是改了名称而已，仍然是行使原来水利局的职能，失去了水务改革的本义。2008 年政府职能调整，对城市水管理明确水利部将不再负责城市涉水事务的具体管理，而由城市政府自行确定供水、节水、排水、污水处理的管理体制。

目前水务管理的问题，主要是城乡分割、量质分家，这尤其表现在水利部和环境保护部在水质管理方面的矛盾。环境保护部负责起草《水污染防治法》，在该法中明确指出环境保护部门是水污染防治的主管部门；水利部负责起草《水法》，又在水法中明确写明水利管理部门是水资源保护的主管部门。但水污染防治和水资源保护如何分得开？水污染防治和水资源保护基本上重复的，于是主管水污染防治的环境保护部与主管水资源保护的水利部两个部门之间必然出现职责重叠而闹纠纷。水利部与原国家环境保护总局曾协商决定在各大流域机构建立双属的流域水环境保护局，本来是两个部门在流域层面进行协调管理的很好尝试，但还是因为协调不畅，成立后的流域水环境保护局基本上

是水利部一家在管，没有实现两家共管的作用，流域水环境管理工作还是两个部门各自管自己的。水利部的立场是进入水体之前的污染源归环境保护部管，进入水体之后的事情归水利部管，并且根据水域功能规划制订水体环境容量总量控制指标，但自身却没有管理排污许可的职能。而环保部门不愿采纳水利部门建议的环境总量控制指标，而是根据自己确定的环境总量控制指标来发放排污许可证，而两个部门环境总量控制指标往往相差很大（贾绍凤和张杰，2011）。

国外单独设立水利部的国家只有 20 个（表 8.1），但是没有一个发达国家设立水利部，但中国的水利管理具有特殊性，中央或应继续保留单独的或作为大部一部分的集中的水管理部门。首先，是因为中国幅员辽阔而大河众多、河流含沙量大而悬河多、暴雨频发而多洪灾、水资源时空不均而缺水问题突出，防治洪涝、保障供水的任务都特别艰巨，需要有专业性强且权威足够的专门机构来管理。其次，是因为水的流动性和时变性所带来的特殊性，水与国土部门管理的“不动产”资源很不相同，很难进行统一管理，或许单独管理更为合理。再次，是因为中国有悠久的在中央政府设立水管理机构的传统。在古代朝廷的三省六部中，工部下设水司，甚至称为水部。当时的部很少，部相当于现在的中央军委、全国人大、国务院、最高人民检察院、最高人民法院，司就相当于现在的部。

表 8.1　政府单独设水利部的国家

国家	部名称	部的外文名称
阿尔及利亚	水资源部	Ministry of Water Resources
阿曼	水资源部	Ministry of Water Resources
埃及	灌溉与水资源部	Ministry of Irrigation and Water Resources
埃塞俄比亚	水资源部	Minitry of Water Resources
玻利维亚	水部	Ministry of Water
布基纳法索	水部	Ministry of Water
肯尼亚	水与灌溉部	Ministy of Water and Irrigation
孟加拉国	水资源部	Minitry of Water Resources
尼泊尔	水资源部，后分成能源部和灌溉部	Minitry of Water Resources/Ministry of Energy，Ministry of Irrigation
尼日尔	水资源部	Ministry of Water Resources
斯里兰卡	水供给部	Ministry of Water Supply
塔吉克斯坦	水资源部	Ministry of Water Resources
坦桑尼亚	水与灌溉部	Ministry of Water and Irrigation
土库曼斯坦	水经济部	Ministry of Water Economy
乌干达	水资源部	Minitry of Water Resources
叙利亚	灌溉部	Ministry of Irrigation
伊拉克	水资源部	Minitry of Water Resources
印度	水资源部	Minitry of Water Resources
约旦	水与灌溉部	Ministry of Water and Irrigation

一种改革思路是把目前大城市的水务管理体制扩展并提升到国家层面，成立水务部，在中央政府机构的职能划分中，让水务部统管全国的产水（水土保持、雨水利用等）、汇水（河道管理、洪涝防治）、供水（供水规划、取水许可等）、用水（用水计划、调度）、节水（节水标准、规划等）、排水（废水排放管理）、污水处理、中水回用和水生态（湿地生态保护），并下设流域综合管理委员会，以水联结的流域系统为管理单元，实施流域水资源综合管理。

水务部与环保部的在排水、废水的管理方面矛盾依然存在，可以作这样的明确分工来化解：水务部负责通过水资源配置和水权划分确定河湖生态水量（生态基流、汛期生态水量、湖泊最低补水量等），进一步根据河湖生态水量提出纳污总量控制指标，环保部根据水务部提供的指标进行排污许可管理，并监管排污者和水环境质量。

另一种改革思路，也可以设想把环保部与水利部合并，成立水务与环境保护部，这样必将有利于推进水资源综合管理、防治水污染的工作。但困难是这个部的有些工作的性质差别很大，例如固体废物处理、大气污染防治、放射性废物的处理与水务的关系很远。不过，把水利部与环保部合并，好于水利部与农业部合并，也好于水利部与国土资源部合并，因为水资源管理的最大矛盾是水量与水质的管理分家。

（五）强化政府的整体性增强部门间协调机制

尽管应尽可能做到一事一个部门管，但把与某个管理对象有关的事物都纳入一个部门管理的思路，在现实中仍会有很多矛盾。因为事物的联系是普遍的，很多事物是交叉联系的。国土也是一个包含了水域的完整系统，环境也是一个包含了天空、陆地、水域的大系统，按照与管理对象相关的事物都交由一个部门管理的逻辑，水既可纳入国土部门来管理，也可纳入环境部门来管理。如果涉水事务的管理完全不允许部门交叉而成立水部来管理，就必然会破坏其他事务管理的完整性。反之亦然。因此，同一个管理对象，有一个以上部门来管理，是必然的。除非把水利部、国土部、环保部都合并成一个部。即便如此，还有水电、水运等事务难以包括进来。因为从能源在整个社会的战略地位而言，水电应当与其他能源一起管理；从交通系统的不同运输方式应该互联互通的系统性要求而言，水运还是应该交由交通部门来综合管理。

既然同一个对象可能有一个以上管理部门是必然的，那么加强各个部门的协调就是必然的。除了尽可能把联系紧密的事务交由一个部门管理之外，还要在设计部门间合理的协调机制上下功夫。

为了协调水量与水质管理分家的矛盾，一个办法是把水利部门和环境保护部门分派给同一个主管领导。在目前的领导分工中，水利和环保分属两个领导主管，按照政府部门的议事程序，每个部门提出的议案，都需要争取相关部门的意见。如果有部门不同意，在动议的部门与不同意的部门属于不同主管领导的情况下，这件事就不能进行下去了，因为只有在每个相关部门都同意的条件下动议才能提交到领导人会议进行审议。而如果动议所涉及的部门都由一个主管领导管理，那主管领导就可以直接找两个部门协商来达成一致意见，就可以进一步把动议送到领导人会议进行审议而不受阻碍。因此，把水利部和环保部交给同一个主管领导来主管，将大大有助于协调两个部门间的矛盾。

另一种办法是成立国务院以总理领衔的国家资源环境委员会这样的议事协调机构，

以加强对水资源管理中部门矛盾的协调。

九、建设完善的水资源监测与统计体系

最严格的水资源管理制度、"三条红线"考核最大的危险是数据造假。形式上的数字满足了考核要求，但实际并没有满足。其客观原因是没有比较坚实的信息基础，对用水、排水缺乏足够的检测设施，用水数据大都是间接估计而来，不确定性、随意性很大。为了改变这种状况和为落实"三条红线"打下坚实的信息基础，必须尽快建设包括供水、用水、耗水、回归水在内的水资源检测设施。

目前水利部已经部署对用水大户监控、中小河流水文监测系统的建设，但监测的时空分辨率仍然远远不够，还达不到最严格水资源管理的要求。

从经济效益理论而言，计量是效益的基础，效率的提高必须要有精细的计量。水资源监测系统的建设，既是投资的机会，也会产生显著的效益。

水资源监控系统的建设，应利用最先进的数字地球技术、物联网技术，提供高时空分辨率的水资源监控信息，以了解水循环的每个环节、每个用户的用水活动，为监控水权的落实情况、落实最严格的水资源管理提供信息基础。

水利部门应改变水利工程建设就是建坝修渠的传统水利观念，把水资源监测系统的建设作为今后一段时间水利工程建设的战略重点，既满足为实施最严格的水资源管理制度提供信息基础的客观要求，也为水利现代化、水利大发展提供新的增长点（贾绍凤，2013）。

十、保证投入加强水资源安全能力建设

尽管大规模水利工程建设的时代已经过去，但水利部门的投入仍不能停止，还需要保证投入，加强水资源安全能力建设，以确保水资源安全。

一些同志反映现在水利部门的资金多了，不知道花到哪里去，实际上要花钱的地方很多。

首先，建设和完善现代水资源监测和分析系统需要大笔投资。不仅要加大自然水体的监测密度，还要对取水、输水、用水、排水进行细密的监测，并且在水量之外还要进行包括水质监测、灌区土壤营养物监测在内的监测，新建或完善灌区、城镇、县市、省、流域、国家各级水资源实时传输、显示、分析、会商系统。如果按照智能化灌区的建设要求，灌区的水、肥、盐信息采集系统按每公顷灌溉面积投资 15000 元计算，全国 6000 万 hm^2 灌溉耕地就需要投资 9000 亿元；如果一个地下水自动监测点的平均投资为 10 万元，全国平原区按每平方千米建一个监测点计算，全国 115.2 万 km^2 的平原面积，地下水监测点就需要投资 1152 亿元；如果城镇供水管网信息采集系统按每平方千米建成区 300 万元计算（设每平方千米有住户 1.5 万户，每户平均安装 2 个可自动发射数据的水表，每个水表 300 元），全国城市建成区 4.5 万 km^2，就需要投资 4000 亿元；如果每个企业的水量水质监测平均需要投资 5 万元，全国 2013 年 9 月底实有企业 1469 万户，就需要投资 7350 亿元；从田间到灌区、从居民和企业到社区、再逐级到县市、地市、省区、中央的信息传输网络的建设，各级水资源信息中心、会商中心的建设，社会共享网络的建设，也肯定需要上万亿元。因此，整个现代水资源监测系统的建

设，需要数万亿元的投资。

其次，水权管理相关机构的设置也需要很多人力、物力。水权登记、水权交易、水权变更审查，都需要有相应的机构来负责（美国犹他州的水权登记，除了在水资源管理部门登记之外，还要到县档案局登记，以确保水权权属的权威性）。为了辅助和规范水权交易，可能需要建立水权交易所。而水权变更的合法性审查，或许可以纳入水利厅局的管理范围，但需要增设相应的职位并进行人员业务培训。

第三，仍有一些供水工程、大量的节水工程需要投资建设。

第四，如果水利部能成功改组为水务部，那么城市洪涝防治、雨水利用方面需要的投资也将是惊人的。

参考文献

贾绍凤. 2009. 如何突破中国水资源保护的瓶颈——制度分析与建议. 见：中国水利学会水资源专业委员会. 2009 年学术年会论文集. 大连：大连理工大学出版社：321-325.

贾绍凤. 2012. 如何防止“三条红线”变绿？见：中国水利学会水资源专业委员会，郑州大学水利与环境学院. 最严格水资源管理制度理论与实践——中国水利学会水资源专业委员会 2012 年年会暨学术研讨会论文集. 郑州：黄河水利出版社：54-58.

贾绍凤，张杰. 2011. 变革中的中国水资源管理. 中国人口资源与环境，21（10）：102-106.

贾绍凤，张丽珩，曹月，等. 2012. 中国水权进行时：格尔木案例研究. 北京：中国水利水电出版社.

彩　图

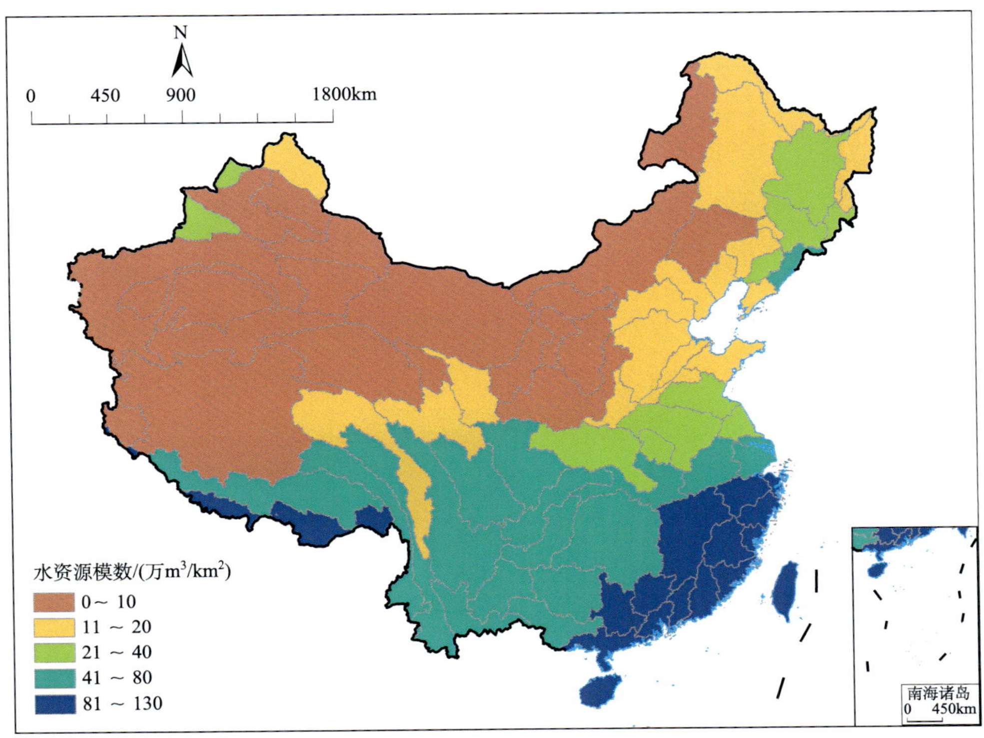

彩图1　中国水资源模数图

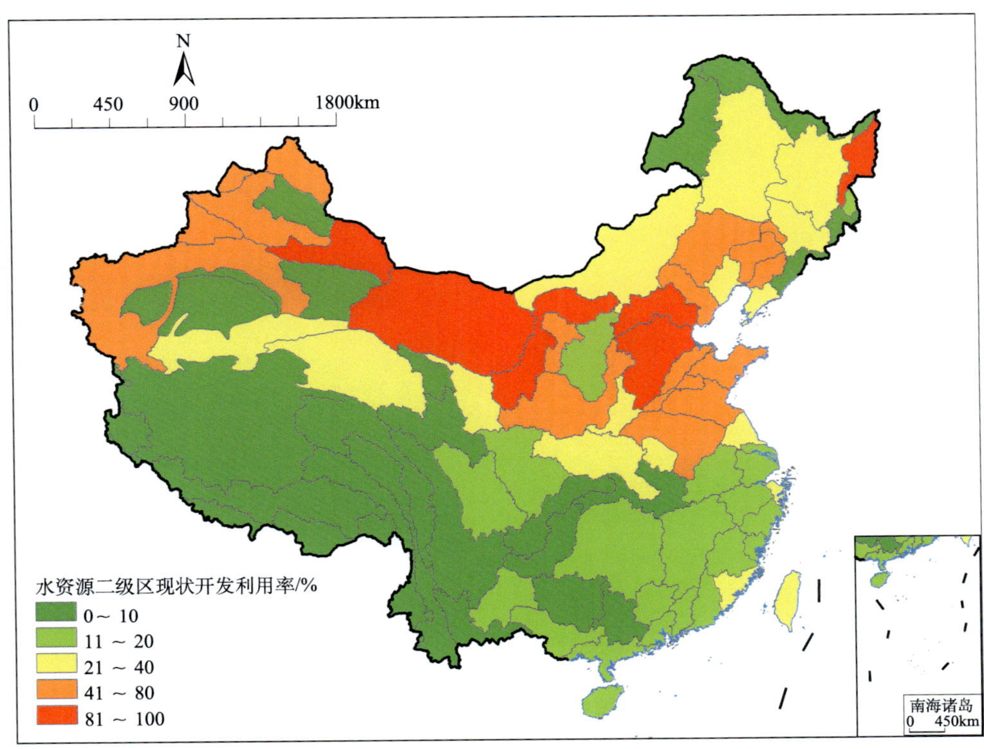

彩图2　我国水资源二级区现状开发利用程度

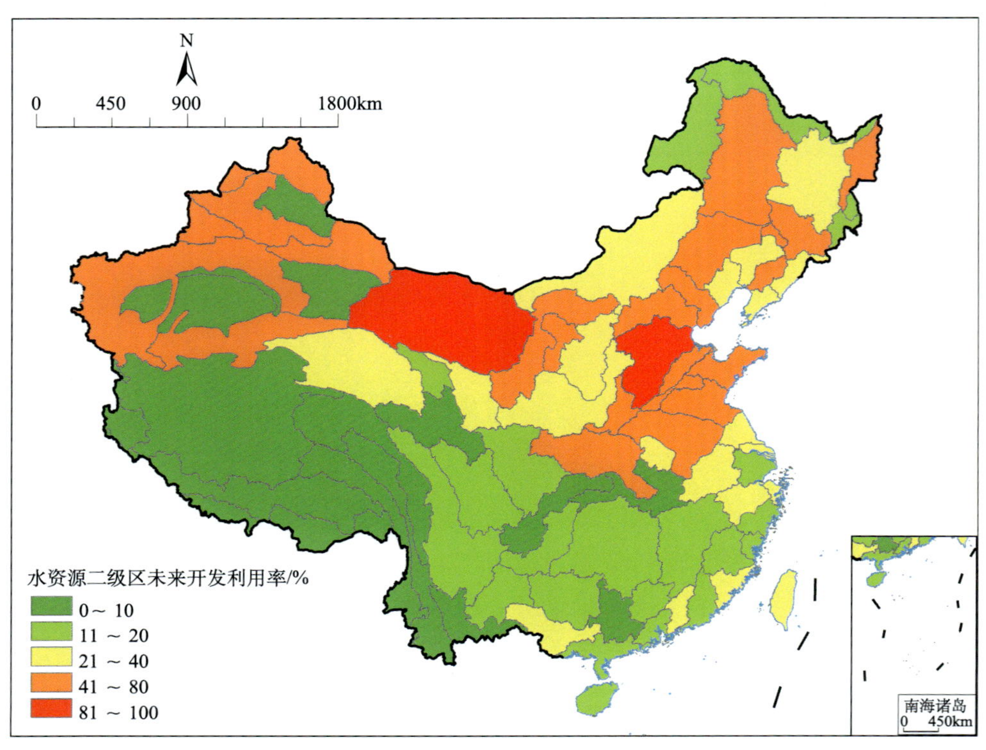

彩图3　2030年中国当地水资源开发利用率

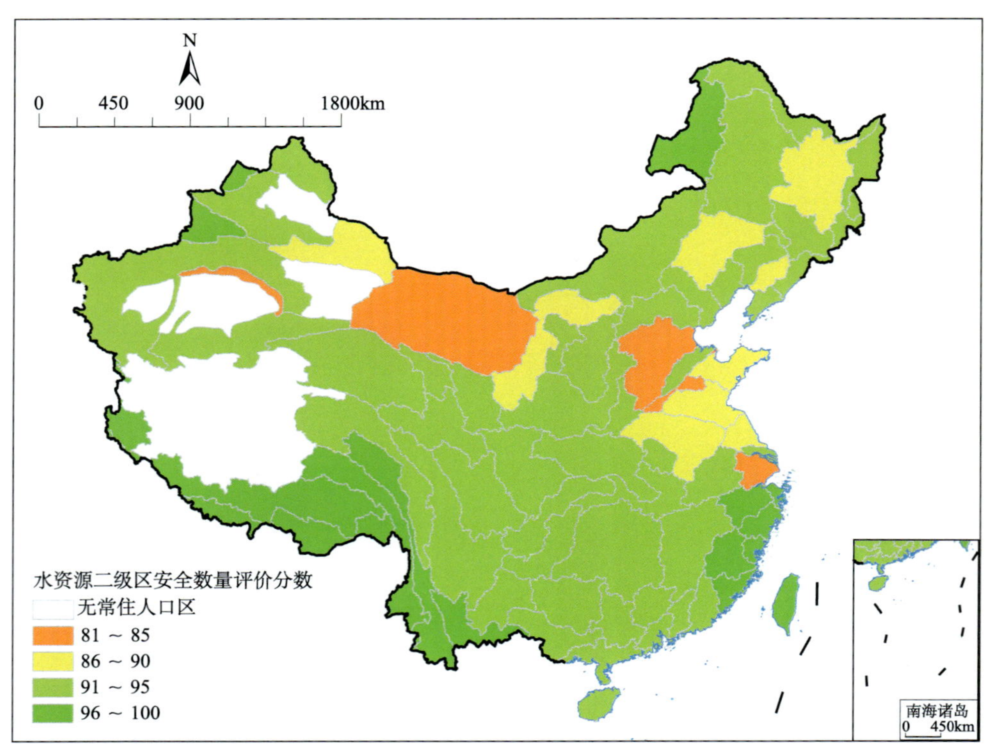

彩图4　中国水资源安全数量评价得分

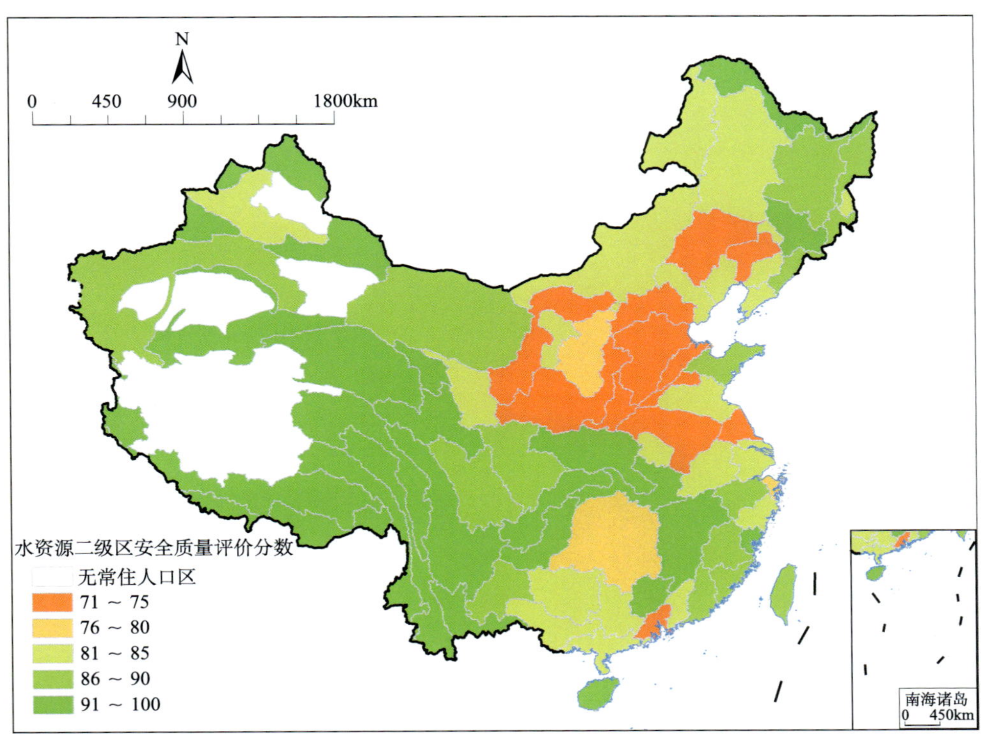

彩图5　中国水资源安全质量评价得分

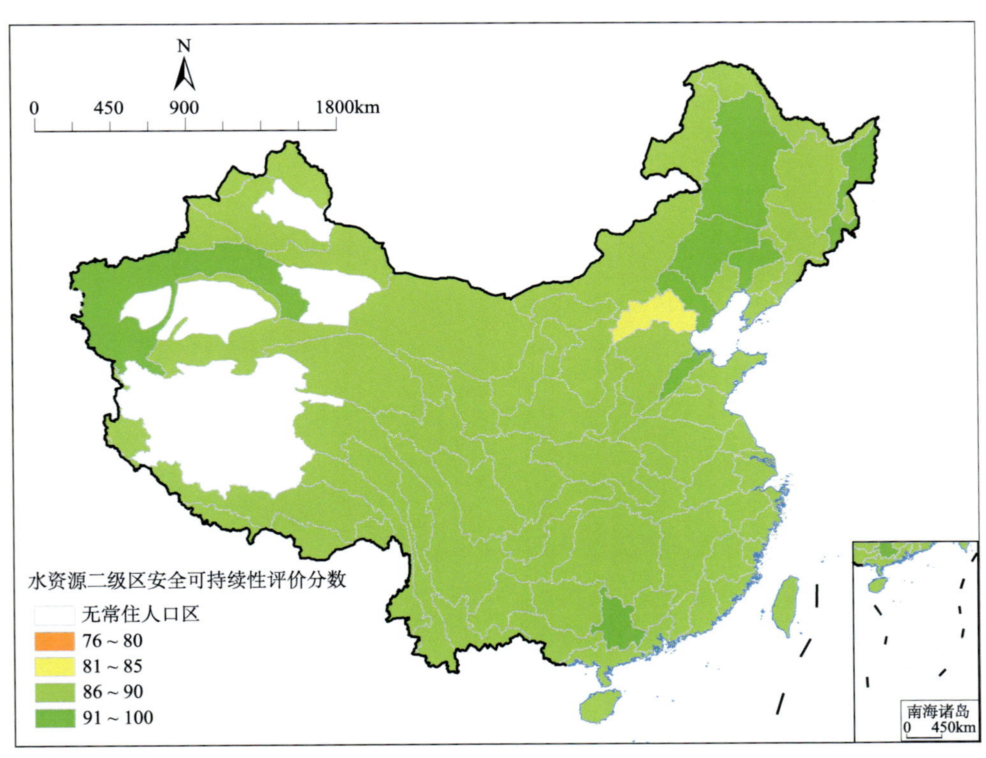

彩图6　中国水资源安全可持续性评价等级

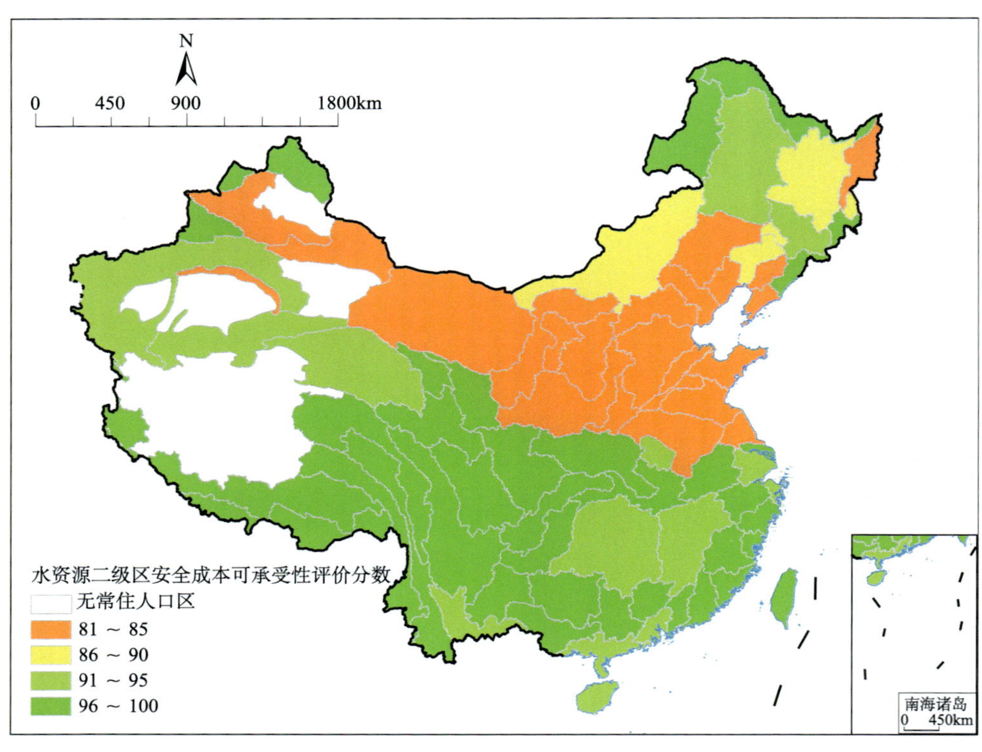

彩图7　中国水资源安全成本可承受性评价等级

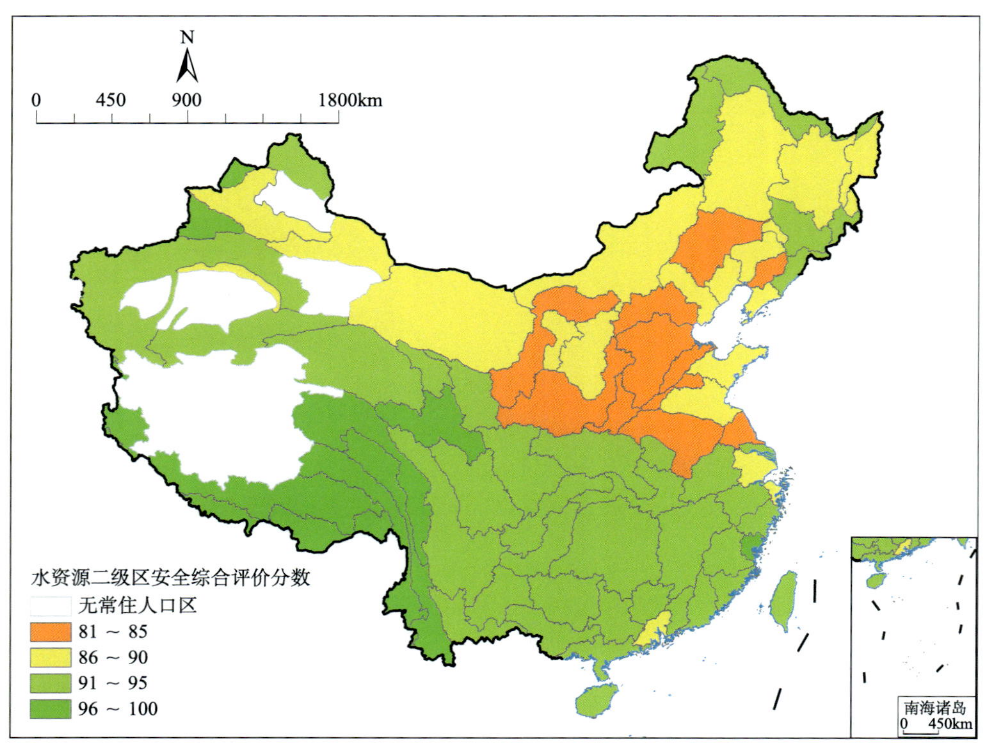

彩图8　中国水资源安全综合评价等级